미용에도 철학이 있다

전옥주 박사 지음

스스로 생각하며 깨닫자

많은 직업 중에 미용의 일을 택한 것은 좋은 선택이었다. 미용을 택한 것을 참으로 행복하게 생각한다. 미용으로 인생을 배웠고 미용으로 사랑과 행복을 만들며 살고 있다.

미용인들은 바쁘게 일만 해서는 소용없다. 의미 있게 바빠야 한다. 미용으로 경제적 성공을 해도 미용최고의 자리에 있는 데도 그 가치와 기쁨을 알지 못하는 당신이라면 아무 소용이 없다는 이야기이다. 소중한 건 우리 자신이 인생의 주체가 되어야 한다.

미용생활로 얻은 다채로운 경험은 내 인생에 위대한 선물을 안겨 주기도 했다. 사람과 사람 사이의 관계는 참으로 미묘한 면이 많다. 특히 많은 사람들을 만나게 되는 미용실은 더더욱 그러한 곳이기도 하다.

미용실을 찾은 손님을 통해 인생을 배울 수 있고 또 손님이 아름답게 변화되어 행복함을 느낄 때 나 또한 행복을 느끼게 되니 이 얼마나 멋진 일인가?

내 삶의 주인공으로 순간순간 새롭게 자신의 삶을 이끄는 지혜를 찾는 것을 인생의 목표로 설정해 왔기에 주위 미용인들에게 영향력을 줄 수 있는 교육자가 될 수 있었던 것이다.

교육자로서 학생들 스스로 생각을 하게끔 해서 가르쳐 준다는 것은 말의 내용이 아니라 말의 의미이고 감정인 것이다. 그러다보니 어떻게 하면 답을 만들어낼 수 있는가? 하는 철두철미한 성격이 되어 가고 있었다. 또 미용을 하면서 어떤 생각을 가지고 어떻게 살아야 하는가? 라는 문제로 고민하며 살게 되었다.

삶을 지혜롭게 이끄는 것이 철학이기에 나는 앞으로도 계속 미용을 꿈꾸는 미용인의 고민에 동참하고 싶다.

진통 속에서 많은 경험과 세월을 보내다 보면 자신도 모르게 성숙됨을 얻어 자연스럽게 자신의 철학을 갖게 된다. 미용에서, 인생에서 성공하고 싶은 사람은 가급적이면 진하고, 다채로운 경험을 쌓으며 살기를 희망하라. 호기심을 갖고 새로운 것을 시도하는 데 두려워 하지 말자. 늘 감각이나 감성이 노화되지 않으려 노력해야 할 것이다.

스스로 변하지 않으면 남에게 변함을 당하기 때문에 여유와 담대함을 갖도록 하자. 세상은 언제나 변화하고 우리가 지금 처한 상황과 여건은 바뀌게 마련이다. 모든 것이 그러하듯… 눈물속에도 미소의 싹은 자란다.

미용 일을 하면서 혹은 미용기술을 습득하는 단계에서 많은 사람들이 내게 주는 가르침이 참으로 고맙게 느껴진다. 미용 코칭을 매개로 현직의 미용인들과 만나고 미용인을 꿈꾸는 젊은이들과 사귀고 싶다. 미용의 길은 반드시 철학이 있어야 한다는 것이 미용인를 꿈꾸는 젊은이들에게 특히 필요한 메시지가 아닌가 여겨진다.

결국 우리 미용인들의 삶에 필요한 것은 체계적 이론 보다는 지금 자기의 미용일상의 문제를 풀어 가는 데 도움이 되는 스스로의 깨달음, 자기 지혜인 것이다.

인생을 살아가면서 정말 큰 재산은 바로 만남이다. 내 마음에 남은 재산은 바로 그동안 만났던 많은 사람들이다. 다시 못 만날 것 같아 마음 아픈 사람도 있었고 두 번 다시 안 볼 것처럼 얼굴 붉히고 돌아선 사람도 있었지만 지금 돌이켜 보면 하나하나 소중하지 않은 만남이 없다. 내가 그동안 만났던 바로 그들이 나의 협력자들이었다. 돈보다 미용기술과 인간관계가 더 귀한 재산임을 알라.

결국 끝까지 함께 하는 사람은 진실한 사람임을 기억해야 할 것이다. 그들이 협력자로서 내게 준 지혜와 교훈 덕에 내가 오늘날 성숙될 수 있었다. 만났던 많은 분들께 감사드린다.

2008년 한 해의 끝자락에서
저자 전옥주

미용의 인생길은 한 단계 한 단계 성장할 때마다

애벌레가 나비가 되는 진통을 겪는다.

그러나 성공적인 미용인생을 위해서는

이 진통을 즐겨야 한다.

전 옥 주

항상 신념을 품고 사십시오.

'미용에도 철학이 있다' 를 드립니다.

님께
_____

드림
_____

미용에도 철학이 있다

목 차

1장

지혜롭게 살아가기

뛰어난 전문가들은
완벽한 정확성을 추구한다.

마무리가 미처 끝나지 않은 곳이나
어설프게 처리한 곳을 남겨 두지 말아라.

-세익스피어의 인생에 대한 조언-
〈맥베드〉 3장 1장

축복 받은 미용

삶을 지혜롭게 이끄는 지혜

'철학이란 무엇인가? 모든 허위를 논파하는 기술이다.' 라고 17세기 저명한 사상가 Baltasar Gracian(발타자르 그라시안)은 말했다. 나 역시 철학이라 함은 무지의 때를 벗겨내고 삶을 지혜롭게 이끄는 사고의 과정이라고 생각한다.

나는 정의 내리기를 좋아 하는가 보다. 그렇다면 과연 어떻게 살아야 삶을 지혜롭게 사는 것일까? 미용인들이 미용 일을 하면서 철학적인 사색을 하지 않게 되어 버린 듯한 안타까움과 오늘 날 사색을 시대에 뒤쳐진 것이라고 여기며 어떤 미용인 누구 하나 사색하는 사람이 없으면 안 되겠다는 마음으로 책을 쓰기로 결정했다. 나는 미용으로 인해 삶의 의욕과 자신감이 생겼다. 내가 미용에 열광할 수 있는 것은, 나의 지난 모든 삶이 미용으로 인해 새로워졌으며, 지금 이 순간도 미용이 즐거움을 주기 때문이다. 그래서 앞으로도 매 순간순간 미용의 즐거움에 자신을 방기해 버릴 것이다.

미용의 길에서 절실히 필요한 것은 긴 인내와 희망이다. 미용 일을 하면서 그 과정이 아무리 훌륭했다 하더라도 결과가 실패로 돌아가면 노후미용생활에서 중간의 노력이란 아무런 의미도 없는 것이 되는 걸까? 여하튼 중요한 것은 이제 남은 결과이므로 미용생활에서 행운을 잡기 위해서는 미용기술만큼이나 어떻게 살아야할 것인가의 기술도 필요하다.

행운은 우연히 생겨지는 것이 아니다. 미용의 길에서 성공을 위한 특효약으로 존재하는 것은 오로지 성실과 노력이다.

미용의 길에서 조건은 다양하며 경우에 따라서는 혹독한 대가를 치르게 하는 것도 많다. 그렇기 때문에 미용에서 기술의 요인 못지않게 중요한 요인은 바로 자신의 특성이다.

즉, 스스로의 성격이나 자신에 대한 평가가 자존감인 것이다. 그 자존감에서 비롯되는 자신감이야말로 미용에 커다란 영향력을 미치게 된다. 미용의 길고 긴 인생 여정에서 성공하는 미용인이 되기 위해서는 하루하루 삶이 가져다주는 혼란을 통해 변화되고 강해져야만 한다. 기(氣)의 고수도 있는가 하면 미용의 고수도 있고 삶의 고수도 있는 것이다. 그러므로 우리 미용인들은 스스로 내면의 과정을 살펴 들여다보고 관찰해 볼 수 있는 것만큼 소중한 건 없다. 이 책은 바로 미용으로 행운을 창조해 보기 위한 책이다. 진정한 삶의 고수만큼 호소력이 강한 것은 없다.

맹자의 가름침 중에 "하늘이 어떤 사람에게 큰 임무를 맡기려고 할 때
반드시 먼저 그 心志(심지)를 괴롭히고 그 筋骨(근골)을 고생시키고 그
몸을 굶주리게 하고 그 육체를 곤핍케 하고 그의 하는 일이 다 어지럽
게끔 한다."는 구절이 있다.

한마디로 대기만성을 설명하는 것인데 이런 대기만성의 유형인 사람을
만나보면 그들은 모두 절망과 좌절, 고비와 방해물을 뛰어 넘은 사람들
이다.
그들을 보면 행하고자 하는 바 아무것도 없게 하시고 매사 하는 일마다
어긋나게 하는, 이런 많은 시련을 하늘이 주는 것은 그 사람에게 큰일
을 맡기시려는 큰 뜻이 있음을 깨닫게 된다.

미용의 일을 하면서 가장 먼저 배운 것이 대기만성이다.
그래서 미용의 기술은 다양해도 미용인의 생각은 일정하고 변함이 없
어야 한다. 지금 하고 있는 미용 일이 힘들고 자기 발전의 속도가 느리
다고 낙담하고 있는 미용인은 참고 인내하라. 가끔 고난과 역경을 미용

의 일로 이겨낸 사람들을 주위에서 볼 수 있다면 그들의 경험에 귀기울여라.

언젠가는 반드시 뜻하는 것이 이루어진다. "잘 될 것이다."라고 생각하면 된다. 미용의 일을 재미있게 열심히 일하라. 생각대로 된다. 그럴때 미용은 자기치료제이기도 하다. 어떤 두려움도 더 이상 우리 미용인들을 좌지우지하지 못할 것이다. 자기 철학을 갖게 만드는 것은 행동이다. 그래서 생각보다는 행동으로 실천 하는 것이 필요하다. 미용생활에서 건전하고 바른 시각, 즉 자신의 일에 대한 '철학'을 철저하게 갖는 것은 앞으로 자기 인생을 지금보다 보람되고 성공적으로 꾸려나가는데 더 없이 중요하다. 그것은 젊은 나이 일수록 그리고 단호하게 빠른 판단일수록 더욱 도움이 될 것이다.

사람마다 얼굴이 다른 것처럼 사람마다 소질과 적성이 있다. 그리고 기호와 지적수준도 다르다. 그러나 기왕에 미용생활을 시작했다면 미용인으로서 남들보다 뛰어난 능력을 인정받아야 한다. 그래서 미용분야에서 전문가가 되고 프로가 되어야 하는 것이다. 사람의 능력은 자기의 노력 여하에 따라 달라진다. 특히 미용은 다소 능력이 부족하다 하더라도 부지런히 능력을 계발하고 노력하면 누구나 우수한 결과를 만들 수 있다. 미용을 시작으로 자기 인생행로 자체가 바뀌게 된 사람들이 주변에 있다. 미용인생을 배우고자 한다면, 겉모습에 현혹되지 말고 자신의 내부를 먼저 다스려야 한다. 인생의 방향을 볼 줄 아는 사람은 미용의 위치를 보는 사람보다 훨씬 크고 강하다.

미용에서 코칭이라함은 스스로 생각해서 깨닫는것을 말한다. 즉 스스로 열정과 능력을 선택해서 해결해 나가는 것이다.

사람 사이에 아름다운 관계를 구축할 수 있는 방법에는 우선 행복을 충족시키는 데 필요한 기본 조건인 진정성을 바탕으로 해야 할 것이다.

제 본분을 다해야 명실상부하게 된다는 인간은 누구나 그 삶이 길건 짧건 간에 저마다의 역사를 가지고 있기 때문이다. 가끔씩 우리들은 시작도 해 보지 않고 후회하는 일이 있다. 일단 시작해 보면 좋은 것, 나쁜 것이 저절로 걸러지는 법이다. 사람들의 마음에서 오는 두려움은 그 본질보다 작은 것이다. 인간은 부족하기 때문에 누구에게나 다른 사람에게 꺼내놓기 싫은 콤플렉스가 있다. 그래서 우리 미용인에게도 코칭이 필요한 것이다.

그렇다면, 미용에서 코칭(Coaching)이 갖는 진정한 의미는 무엇일까? 미용인 중에서 능력이 있는데 발휘하지 못하는 사람에게 최대한 가능성을 발휘하도록 도와주는 코칭을 말하고자 한다.

솔직한 나의 경험을 통해 코칭과정에서 겪게 되는 갈등과 위기, 도전과 해결의 문제를 나름대로 솔직하게 다루어 보고자 한다.

내게도 지금 여러 가지 많은 열등감이 있고 앞으로도 열등감이 생기겠지만 중요한 것은 자격지심이라는 것, 이것이 스스로에게 상처를 입힌다는 것이다. 그래서 나는 살면서 극복해야 할 아주 중요한 것이 바로 열등감이라는 사실을 알게 되었다.

열등감이 있으면 아무도 나쁘게 말하지 않았는데도, 괜히 스스로가 오

해나 의심을 해서 괴로워한다. 그래서 자격지심을 없애는 길은 중요하다. 자격지심이 없어지면 대인관계의 폭을 넓히는 데에 이로울 수 있다. 중요한 것은 스스로 노력해야 한다는 것이다. 웬만하면 좋은 쪽으로 생각하는 것이 우리 미용인생에 좋을 것이다.

미국의 저명한 목회자이자 몇 권의 베스트셀러 저자인 데이비드 A 시맨즈는 〈상한 감정의 치유〉라는 책으로 열등감이 인간의 잠재력을 마비시킨다는 사실을 지적하며 다음과 같이 말하고 있다. "나는 내가 사역해 온 사역처에서 열등감이 사람에게 미치는 무시무시한 영향력을 보아 왔다. 인간의 잠재력에 대한 비극적인 손실과 물이 밑바닥으로 새나가는 것과 같은 삶, 못쓰게 된 은사들, 진짜 금광과 같은 인간의 능력과 가능성이 새나가는 것들을 나는 목격해 왔다. 그리고 마음속으로 울었다. 하느님께서도 그것을 보시고 우신다는 것을 당신은 아는가?" 참으로 많이 마음 아픈 지적이다. 우리들은 이러한 열등감의 깊이를 알아야 한다.

열등감이 드러날 때 우리들의 진짜 모습도 알 수 있는 것이다. 그러나 우리들은 우리의 열등감을 알면 스스로 먼저 덮어 버리곤 한다. 처음 어렸을 때에 우리 부모님들이 열등감을 덮어 주면 그때마다 상처를 덜 받곤 했던 기억에 길들여져 있기 때문이다.

이제 저자의 경우 열등감을 어떻게 극복해 냈는가를 말해 보고자 한다. 난 바보처럼 늘 나의 열등감을 덮어 감춰줄 수 있는 무언가를 찾아 헤매고는 했었다. 난 나의 부족한 것과 극복해야 할 것이 있기에 삶의 의지를 가질 수 있었던 것 같았다. 내가 목표를 이루는 쉬운 방법은 내가 원하는 바가 아주 절대적인 사실이라고 믿었던 것이다.

그래서 한 마디로 말해서 다양한 분야에 대한 공부를 통해서 나는 스스로를 연마해 왔다고 할 수 있다. 아마 '결핍'이 나를 그렇게 열등감에 집착하게 했던 것 같다. 열등감을 가리기 위해 다른 감정으로 위장하기도 했다. 그러던 어느날 스스로를 다치게 하는 열등감을 오히려 자신을 살리는 것으로 만들어야 한다고 생각했다.

살아가는 데 약간은 필요한 열등감을 가지라고 말하고 싶다. 난 지금도 말한다. "열등감이 꼭 나쁜 것만은 아니다."라고. 그런 의미에서 열등감은 나의 성장에 밑거름이라고도 말할 수 있다. 왜냐하면 그 열등감이 오늘의 내가 박사도 될 수 있었고 대학교수도 될 수 있었기 때문이다. 그래서 매 순간이 소중하다고 생각한다. 정성을 쏟으면 안 되는 것이 없다고 본다.

날마다 스스로에게 말하며 "넌 대단한 사람이야, 그리고 너무 멋져" 하고 활짝 웃어주라. 그러면 즉시 그 미소가 자기 암시가 되고 마인드컨트롤이 되어서 그날 자신의 분위기도 좋아지고 하루 종일 즐겁고 힘찬 시간을 보낼 수 있게 된다.

기능천시

몇 년 전만 해도 알게 모르게 기능인에 대하여 천시하는 풍조가 있었다. 어른들은 공부 못하고 공부하기 싫어하는 학생에게 "너 공부 못하니까 미용이나 배워라"라며 나무랐다. 지금도 중학생 자녀를 둔 부모들은 "너 그따위로 공부 안 하면 인문계 못 가"라고 말한다. 그러나 지금은 실업계 졸업 후, 지금 미용대학에서 강의하는 미용인들도 많다. 자신의 노력으로 얼마든지 개척할 수 있는 매력이 있는 분야가 미용인데 앞으로는 그렇게들 표현 안했으면 좋겠다.

지금은 인문고등학교에서 공부 안하고 공부 못하는 학생에게 직업전문학교에 위탁 보내기도 한다. 그리고 오히려 실업고등학교에서나 미용고등학교에 다니는 학생들 중에서 공부를 잘해서 성적이 좋으면 대학에 가라고 부추긴다. 이게 현실이다.

그렇다면 당신은 미용을 왜 하는가? 돈을 벌기 위해서? 아니면 대학에 가기 위해서? 학위나 학벌을 위한 미용은 소용없다.

우선 미용에 성공적인 모델을 만들고, 미용인 중에 훌륭한 미용인이 있다는 것을 미용을 천시하는 사람들에게 자꾸 보여 주어야 한다. 그리고 더욱 중요한 것은 안정적인 직장을 많이 알선하는 것이다. 미용이라는 직종을 바꾸지 않도록 정년도 보장해 줘야 한다. 그래서 노동부에 기능인력 대책을 마련해 달라고 우리 미용인들이 꾸준히 요구해야 한다. 하루가 멀다 하고 발전하며 무궁무진한 가능성을 가진 것이 미용의 길이다. 의지와 성격과 생각이 변해가고 있다. 이 시점에서 미용인들은 각자 저마다의 어떤 일에 관해서는 다른 사람의 스승이 될 수 있는 능력도 갖추게 되었다.

미용 교육에서도 많은 변화가 일어났다. 미용인 중에서 박사도 배출되었고 대학원생들도 무수히 많다. 대학교육은 지식의 습득과 실습을 바탕으로 관련 산업체에서의 실무를 익힘으로써 현장감과 실제적 적응력을 경험하게 하여 취업 후 원활한 사회생활을 할 수 있도록 하는 데 목적이 있다. 그리고 학사 편입을 도와주는 제도인 학점 은행제로 학사취득이 가능해졌다. 학점은행제도란 수능점수와 관계없이 고교졸업자는 누구나 입학이 가능한 제도이다. 그 밖에 개방대학이나 통신대학교, 사이버대학교 등등 교육부장관이 인정하는 학사학위(졸업)가 얼마나 많은가? 검정고시로 시작해서 이런 여러 가지의 경유로 배움의 기회가 많이 있다. 이미 검정고시와 학점은행제도의 기회로 많은 미용인들이 이렇게 인생행로를 바꿀 수 있게 되어서 행복을 보장해주고 있으므로 축복이다.

여기에서 정규대학이라함은 정식으로 정한 학제와 교육강령에 기초하여 학업을 전문으로 하는 대학을 말하는 것이다. 그리고 새로운 제도의 시행으로 학사학위 취득을 원하는 전문대학 졸업자들은 4년제 대학 편입 외에 전문대학에 개설된 전공심화과정 입학이라는 또 다른 기회를 갖게 되었다. 교육선택권이 확대되는 긍정적 효과를 기대할 수 있다. 즉, 전문대 졸업 후 취업을 해서 전공심화 과정을 이수하고나면 학사학위 취득으로 이어지는 직업교육 경로가 만들어짐으로써 직업교육 이수자들의 수요에 부응할 수 있게 되는 것이다. 전에도 전문대를 졸업한 재직경력자들의 계속교육(전공심화교육) 활성화를 위하여 98년부터 운영되어 왔으나, 1년 이하의 비학위과정으로 운영되어 대학 수준의 정규교육을 희망하는 전문대 졸업자들의 욕구 충족에 한계가 있었다. 그러다가 2007.7.13.「고등교육법」개정으로 교육인적자원부장관의 인가를 받은 학과는 동 과정을 학사학위 수여 과정으로 운영할 수 있게 되었다.

여하튼 열심히 공부를 한다는 자세는 매우 중요하다. 그래서 나는 제자들에게 끊임없이 공부하라고 권유하는 편이다. 미용대학을 가고 싶어 하는 미용인을 위해서 말한다. 미용대학이란 곳은 오로지 미용기술만 배우는 곳이 아니다. 미용기술 습득에만 목적이 있는 미용인이라면 유명한 사람에게 사사를 받든지 미용학원에 다니던지 또는 미용실에 가서 취직을 하라. 그러면 기술 습득은 된다. 미용대학에서 미용 기술을 교육한다는 것은 당연한 것이다. 그러나 미용 대학의 본래 목적은 실무교육과 원리교육의 조화를 이루도록 하는 데 있다. 지식을 창조하고 대학 졸업 후 사회 변화에 적응하는 능력과 대학교에서 배워왔던 실무를 활용성 있게 도와주는 역할이 미용대학의 목적인 것이다. 왜냐하면 우리의 행위와 우리의 생각은 상황에 맞게 조정되어야 하기 때문이다.

힘들게 미용생활을 하면서 공부하는 마음자세는 그 무엇과도 비교할 수 없을 만큼 아름다운 자세이다. 그러므로 그 귀한 시간에 하는 공부를 소홀히 하지 말고 진정으로 자기 발전을 위한 과정이라고 생각하라. 그리고 자신을 위해 공부하기를 바란다. 미용하는 일이 힘들다 해서 자신의 과제물을 남에게 해달라고 한다든가 다른 사람에게 공부를 대신하게 하는 것은 자신의 발전을 해치는 일이다. 실제로 이런 미용인은 없어져야 한다. 돈으로 학위를 취득 한다는 자세는 부도덕하기 때문이다. 공부는 관심에도 없고 대학졸업장과 동시에 학위만은 갖겠다는 자세는 본인을 위해서도 올바른 태도가 아니다. 절대로 이런 일은 있어서도 안 될뿐더러 그렇게 해서도 안 된다. 공부는 재미있게 스스로를 위해서 자기가 해야 하는 것이다.

지식의 습득은 노력에 의해서 얻을 수 있는 것이기에 본질적으로 지혜를 만든다. 어떤 사람들은 학력도 하나의 액세서리나 마찬가지로 생각한다. 하지만 요즘은 단순히 학력만으로 실력을 인정하지는 않는다. 그렇기 때문에 모든 미용인은 서로서로에게 가르침을 구하고 배워서 스스로를 계발해 나가는 겸허함이 필요한 것이다.

학문때문에 기술 습득할 시간이 부족하면 기술을 쌓는 데 더 노력하고, 기술에 뛰어나게 미용공부를 했다면 학문의 부족함을 채우면 되는 것이다. 그래서 많이 못 배웠다고 열등의식을 가질 필요도 없고 미용기술이 낫다고 하여 잘난 척 하는 것도 지혜로운 자세가 아니다. 따라서 모든 미용인들은 서로를 존중하고 아껴가며 미용의 장점을 인정해보자. 그렇게 미용은 우리가 살면서 어떤 일을 수행함에 있어서 매우 중요한 역할을 하게 되는 것이다. 인생 성공으로 가는 미용을, 어떤 사정으로 혹은 남 때문이라는 등의 변명을 일삼는 미용인은 주의나 행동을 바꿔야 한다. 하루하루가 다르게 미용의 일은 발전한다. 명심하라. 같은 미용 일을 하면서 다른 미용인을 우습게 여기거나 타인의 단점만을 보려하고 자기기술만이 최고라고 생각하고 행동하면 현명한 사람이 아니다.

나는 평범한 주부이자 미용인이었다. 그러던 어느날 삶이 눈물겹도록 소중하게 느껴졌다. 그 날이 삶에 대하여 깊게 성찰하게 된 전환점이 되었다. 내 삶에서 성공적인 전환점을 찾게 한 힘은 미용의 일이고 바로 희망이었던 것도 미용의 일이었으며 나의 치료제였던 것이다.

일년 전부터 나는 우선 하지 않으면 안 될 상황으로 스스로를 내모는 행동을 했다. 작년 이맘때부터 쓰다 남은 책을 마무리 짓고 싶어서 일을 저질렀다. 나는 스스로를 최대한 고통스럽게 만들어 놓았다. 왜냐하면 직장 출근하랴, 기능장 자격증 준비하랴, 살림하랴 뭐 이런저런 핑계로 책 마무리를 못 끝낼까봐 가능하면 부담스럽고 어려운 분들에게 마구 알렸던 것이다. 혹시라도 나중에 목표를 못 했을 때 가장 크게 질책을 받고 가장 많이 부끄러워할만한 분들께 서둘러 알렸다. 이것은 스스로를 좀 더 강압적인 방식으로 내모는 자신과의 약속이었다. 나는 자신을 조절할 필요가 있을 때 이 방식을 선택한다. 말로 먼저 주위 사람들에게 마구 알린다. 그럼 필사적으로 목표를 달성하기 위해 노력한다. 그래서 책 마무리에 전념할 수 있었다.

우리는 평범한 지식을 두고 지혜라고 말하지 않는다. 지혜란 먼저 듣고 이성으로 이를 분석하고 실천하여 얻은 지식을 뜻한다. 그래서 지혜를 얻을 때 우리는 확신을 가지게 된다. 지혜는 눈에 보이는 것과 눈에 보이지 않을 때를 분명히 구분해서 보게 하고 사고의 틀을 넓게 만들어 준다. 미용기술 습득의 힘든 과정을 인내함으로써 인생을 배우고 미용으로 사랑과 행복을 만들며 산다. 시간은 누구에게나 평등하게 주어진 자본금이라고 한다. 하지만 우리 미용인들은 시간을 생각처럼 그리 자유롭고 맘대로 활용하기가 쉽지 않다.

우리를 슬프게 만드는 것은 큰일보다는 일상에서 일어나는 자질구레한 작은 일들인 것처럼 인생을 기쁘게 만드는 것 역시 그렇게 작은 마음, 작은 정성이 아닐까? 하는 생각을 한다. 그리고 자신에 대해서 알지 못하면 타인에 대한 이해도 삶에 대한 사랑도 나누기가 힘이 들곤 한다. 그래서 미용인들은 심리학이나 경영 같은 학문에 관심을 가지면 매우 좋다고 생각한다. 미용실에서 사람과 사람의 마음을 붙잡을 수 있는 심리라든가 미용을 하면서 어떻게 살면 희망하는 대로 자유롭게 살면서 중요한 사람들과도 잘 지낼 수 있는가를 끊임없이 고민해야 한다. 이처럼 '단 하나의 결심'을 갖되 한 발자국 더 크게 내딛어야 할 것이 있다. 그 결심이 자신만의 것에 머물지 않고 한 걸음 벗어나 다른 사람의 삶, 다른 사람의 행복과 연관되어야 할 것이다.

때로는 우리가 살면서 큰 행복, 큰 변화를 바라고는 그것이 이루어지지 않는다고 괴로워 할 때가 있다. 그러나 사람의 어떤 문제도 처음부터 큰 변화 속에서 해결되지 않는다. 작은 변화가 조금씩 하나하나 쌓여 점점 큰 변화를 가져오는 것이다. 생각의 작은 변화가 우리들의 감정을 변화시킨다. 감정이 신체적 변화를 가져 온다고 해서 정신이 육체를 지배한다는 말이 나온다. 자기에게 일어나고 있는 작은 변화가 언젠가는 마침내 인생의 터닝 포인트를 이루는 것이다.

어느 누구의 인생에나 터닝 포인트라는 것은 있다고 생각한다.

미국의 유명한 추리소설 작가에 레이먼드 챈들러라는 사람이 있다. 그는 우리나라 나이로 45세에 작가로 데뷔했다. 그전까지는 은행과 석유회사 등에서 평범한 사무원으로 일하던 그였다. 그러나 일단 작가로 데뷔하자 무섭게 글을 써내려가 '기나긴 이별' 등 추리문학사에 기념비적인 작품을 많이 남겼다.

그 밖에도 인생의 전환점에서 성공한 사람이 많다. 화가 폴 고갱이 그랬었고 우리나라 작가 중에서도 박완서 선생님 같은 분은 마흔의 나이에 비로소 데뷔해 지금까지 정열적인 작품 활동을 해오고 있다. 또 언젠가 TV에서 인생역전이라는 프로에서 우연히 보았는데 평범한 마흔 중반의 아줌마가 한복 일을 배우기 시작해서 외국에 나가 열심히 공부해서 성공한 사례를 보았다. 요즘 우리 주변에는 온통 희망 없음에 대한 이야기들로만 넘쳐 있는 것 같지만 사실 그렇지 않은 걸 느낀다. 혹시나 나이가 들어서 용기가 나지 않는 다는 분들을 위해서 말한다. 지금 당신의 모습을 보라! 당신도 못 할 이유가 없다.

미용을 시작으로 자기 인생행로 자체가 바뀌게 된 사람들이 있다. 나는 이 책이 미용의 꿈과 목적이 달성될 때 자아실현을 위한 행복을 성취할 수 있도록 스스로 생각하고 깨달아 실천으로 옮길 수 있도록 하는 유익한 책이길 희망한다.

범상한 인간관계에서 자신을 들어내 보인다는 것은 쉬운 일이 아니다. 우리 미용인들에게는 각자의 역할이 주어져 있을 것이고 그 역할 수행을 통해 사람들과의 관계를 맺곤 한다. 따라서 그 역할 수행을 통해 승승장구할 수록 힘든 비탈길을 내다보고, 아름다운 꽃밭을 걸을 때 날카로운 가시밭길을 생각해야 하는 것이 미용인생이다. 자신에게 도전하는 미용인이 되어 보자. 미용을 하다보면 어떻게 할 것인가 고민하기보다 먼저 행동으로 옮겨야 할 때가 있다. 그것은 목표를 갖고 있느냐 없느냐에 달려 있다. 인생도 마찬가지이다. 미용을 하면서 자기가 무엇을 원하는지 분명하게 아는 사람은 그에 상응하는 목표를 세우고 도전할 줄 안다. 지금 자신의 꿈과 소망이 무엇인지 과연 자기가 원하는 것이 무엇인지 그것을 똑바로 인식하고 이루려고 노력하는 자세가 필요함을 알아야 할 것이다.

또 그렇지 않고 다른 사람의 삶과 행복에 연결되지 않은 것이라면 아무리 큰 결심도 시시한 것이 되고 만다. 그렇기 때문에 미용을 하면서 작은 자기 변화가 조금씩 하나하나 쌓여 점점 큰 변화를 가져오는 것이다.

철학이란 원래 필로소피아에서 유래되었다. "필로는 '사랑하다', '좋아하다' 라는 뜻이다. 소피는 '지혜' 라는 뜻이니, 철학이란 지혜를 사랑하는 것이다"라고 사전에 정의되어 있다. 지혜롭다는 것은 삶의 이치를 빨리 깨닫고 사물을 정확하게 처리하는 정신적 능력을 말한다. 미용인생을 살면서 어렵다는 것을 깨닫게 된다면 문제의 연속을 극복하고 해결하는 데 근본적인 것은 훈련일 것이다. 미용 역시 반복연습만이 우리 미용인들을 성장시킨다.

미용생활을 하면서 쉼 없이 많은 사람과 문제들을 만나게 된다. 이런 문제 등은 작든 크든 간에 연속적이며, 그게 바로 미용 인생이다. 미용에 입문할 시기에 자격증을 취득하기 위해 미용학원에 다니던 시절이었다. 나를 가장 비참하게 만들던 것은 처음 미용학원 다닐 때 손기술이 남과 같지 못하여 주위사람들 보다 진도가 늦었던 점과 미용사자격증 시험에 네 번이나 떨어졌었다는 사실이다.

지금도 가끔 강의시간에 이런 이야기를 학생들에게 말해주곤 한다. 내가 미용인 시험을 네 번이나 떨어졌을 그 당시에 주위사람들이 위로로 해 줬던 말은, 많이 떨어져야 실력이 향상된다는 거였다. 사람들은 실수라든가 부끄러운 것은 숨기려 하는 점이 있다. 하지만 나는 당당하게 대처했다. 이 책을 통해 어떤 미용인이든 코칭(스스로 생각해서 깨닫는 것)의 효과를 볼 수 있다면 나는 작은 보람을 느낄 수 있을 것이다. 네 번이나 미용사자격증 시험에 떨어 졌던 나는 미용을 포기하고 싶었다. 그러나 나는 포기하지 않았다. 그리고 끈기를 갖고 포기하지 않으며 열심히 해서 결국은 자격증을 취득해 기쁨을 얻었다.

미용자격 취득 후 곧바로 수원역 근처에 술집들이 많은 유흥가 거리에 있는 미용실에 취직을 했었다. 그곳이 맨 처음 근무하던 장소였다. 유흥가 지역이라서 술집에 근무하는 여자 손님들이 많았고 역전 근처라 스쳐 지나가는 사람들이 많았다. 그래서 먼저 남자 커트를 비교적 빨리 배울 수 있는 기회가 되었었다. 다행이었다. 맨 처음 미용보조 일은 모두 알겠지만 미용실의 가장 힘든 일과 궂은 일을 담당하는데, 남자 커트 손님이 워낙 많다 보니까 초보인 내게도 원장님은 머리 커트를 할 수 있는 기회를 마련해 주곤 했다. 물론 어설프고 실수투성이였기 때문에 아무도 없는 화장실에서 혼자 엉엉 엄청나게 울기도 했던 기억이 있다. 그때의 그러한 눈물들이 지금의 미소를 짓게 하는 것이 아닐까? 라고 생각한다.

성공의 가장 기본인 것은 바로 성실과 근면

이것은 매우 고전적인 미덕이면서 현대사회에서도 그대로 적용되는 매우 중요한 원칙이다. 성실하고 근면하게 미용생활을 해나가는 미용인들은 모두 자신이 바라는 대로 인생을 살아갈 수 있다고 나는 확신한다. 비록 가난하게 태어났더라도 그것에 굴하지 않고 열심히 일함으로써 성공을 할 것이라고 본다. 지금 성공하신 많은 미용실 원장님들을 자세히 살펴보면, 기본적인 장점은 근면하고 성실한 태도이다. 이것은 미용생활을 하면서 반드시 명심해야 할 점들이다. 같은 일을 하더라도 부지런한 사람과 게으른 사람은 차이가 난다. 이는 함께 미용을 하는 미용동료나 매니저라든가 원장님이 보더라도 금방 알아 볼 수 있다. 근면한 사람은 한 가지 일을 맡으면 꼼꼼하고 확실하게 그 일을 처리 한다. 미용실 안에서 스텝들이 필요한 것이 무엇인가 찾아보고 고객들의 의견도 골고루 들으며, 갖가지 문제점까지도 대비한다. 그러나 불성실한 미용인은 미용실 안에서 대충대충 마무리 하려고 한다.

여하튼 자신을 근면으로 무장한 미용인은 미용생활이나 다른 사회생활에서 남보다 뛰어나게 된다. 무슨 일이든 성실한 자세로 임해야 한다. 미용일이 어려워 보여도 성실한 자세로 최선을 다하면 반드시 잘 될 것이다.

미용의 일로 인생방향이 바뀐다

비슷한 실력과 배경을 가졌더라도 어떤 기회가 찾아 왔을 때 그 기회를 어떻게 이용하는가에 따라 그 미용인의 운세와 방향이 크게 달라진다. 그러므로 자신에게 찾아온 기회는 적극적으로 활용할 줄 알아야 한다. 미용을 배운지 얼마 안 되어 내게도 그런 기회가 찾아 왔다. 남의 미용실 근무하기가 불편하다는 이유로 남자 커트도 마무리 짓지도 못한 상황에서 과감하고 무식하게 그리고 용감하게 그냥 일을 저질렀다. 40평짜리 미용실을 처음으로 오픈한 것이다. 그야말로 무대포였다. 처음 미용실 오픈으로 겉멋만 든 사람처럼 남의 눈을 의식하여 크게 벌려 놓으면 능사인줄 알았다. 헤어담당 6명, 피부관리사 1명을 두었으니 오픈하여 그 직원들 월급 주기에 급급했다. 지금 생각해도 마음이 아팠던 시절이다. 겁도 없이 크게 일을 벌인 댓가였다.

그때는 미용을 하면서 가장 힘들었던 첫 고비였고 너무 견디기 힘들어 포기하고 싶었다. 30대의 나이에 그럴 수도 있는 일이라고 스스로를 위로하며 버렸다. 그런데 어느 날 갑자기 미용실에 실장이 아무런 연락 없이 출근을 안 했다. 손님은 계속 들어오는데, 미용실 안에 미용기술 자가 없다고 생각해 보라. 그때의 절박한 심정은 당사자가 아니면 알 수 없다. 옛날이나 지금이나 미용기술 없이 미용실을 오픈한다는 것은 매우 위험할 뿐더러 마음고생이 이만저만이 아니다. 왜냐하면 아무리 기술자 직원을 채용한다지만 골치 아픈 일은 반드시 있기 마련이다. 평생을 직원이 같이 한다는 보장은 없다. 인생은 예측불허이므로 늘 자기를 계발, 특히 미용기술 쌓기에 힘써야 한다.

마케팅만 잘 하면 된다지만 현실은 그게 또 그렇지 않은 부분도 있다. 그러므로 반드시 미용세계에서는 기술과 함께 밸런스를 맞춰야 할 것이다. 그렇게 되면 직원들 때문에 속 썩는 일은 없을 것이다. 결국은 직원들과 함께 돈 버는 일이기 때문이다.

급속도로 변화하는 미용세계는 늘 노력하지 않으면 도태된다. 미용실에서 생활 하다보면 반드시 중요하게 여겨지지 않았던 사람의 도움도 필요할 때가 온다는 것을 잊지 말라. 그리고 사람을 아름답게 꾸미는 일을 하는 사람들은 의식구조에는 언제 어디서나 끼리끼리 모여 힘을 키워야 한다. 인간적인 사람과 미용기술이 뛰어난 사람을 사귀어 둔다면 세월이 흘러 미용하면서 서로에게 큰 도움이 된다. 미용의 밝은 미래를 생각한다면 미용 보조 일을 배울 때부터 늘 염두에 두어야 할 것이다. 그렇지만 미용실 안에서 친교의 범위를 넓힌다는 생각으로 이런저런 사람과 아무하고나 친하게 사귀어 시간을 낭비하는 일은 없도록 해야 한다. 불성실하고 부정적인 사람과의 모임은 일정한 거리를 두는 것이 좋다. 그렇다고 해서 이런 사람과 관계를 단절하라는 말은 아니다. 무자르듯 관계를 갑자기 뚝 끊어버리면 그런 사람들의 입에 오르내리게 되기 때문이다. 가깝지도 그렇다고 멀지도 않은 관계를 유지하는 것이 좋다. 그래야 그들의 입에서 악평을 듣지 않기 때문이다.

사람과 사람의 믿음은 약속으로부터 시작된다

아주 작은 약속이라도 성실하게 이행해야 한다. 미용실에서의 약속은 수첩에 메모를 해 두고 성실하게 지켜야 한다. 하찮은 약속이나 사소한 약속이라도 중요시 여기고 잘 지키는 사람은 모든 사람들의 신뢰와 신망을 받는 유능한 사람이 될 수 있을 것이다. 결국 미용생활이라는 것은 어떤 누구를 위한 것도 원장님을 위한 것도 고객만을 위한 것은 아니다. 궁극적으로 미용일은 자기 자신의 행복과 발전을 위해서 하는 것이다.

이렇게 해야 미용생활을 왜 해야 하는지, 어떻게 해야 하는지 깨닫게 된다. 그리고 이 정도의 처세술은 우리 미용생활을 하는 사람이라면 자기 치료제로 몸에 익숙해지도록 노력해야 한다. 지금 당신의 미용실 원장님이나 스승이나 모두 이런 과정을 거쳐서 지금의 자리까지 온 것이다. 미용을 처음 시작할 때를 기억해 보자. 빗자루 들고 머리카락 쓸던 일과 샴푸하고 문지기 시절을 말이다. 그리고 원장님이나 디자이너가 커트나 파마 할 때 옆에 서서 파마 롯드 기구를 집어주고, 빗 필요하면

빗 드리고 드라이 손님 오시면 드라이 줄 잡아드리는 그런 과정을 모두 거쳐서 배웠다.

장래가 유망한 미용인이 되려면 맺힌 감정을 풀고 좋은 인간관계를 만드는 능력을 길러야 한다. 미용생활에 어느 누구도 영원한 적일수도 없고 그럴 필요도 없다. 그것은 언제 어디서 같이 일을 해야 하거나 협력을 얻어야 할 동반자가 될지도 모르기 때문이다. 모든 일은 여유를 갖고 멀리 넓게 바라 볼 필요가 있다. 지금 미용실에서 동료나 원장님과 혹은 스텝들과 문제가 있다고 실망하거나 포기하지 마라.

바로 자기 자신을 위해서 미용실에서는 어떻게 하든지 두루두루 잘 지내는 것이 가장 중요한 일이다. 미용일은 재미있게 해야 능률도 오르는 법이다.

자신이 하는 미용 일을 진정으로 좋아서 행복한 삶을 영위하는 미용인들도 아주 많다. 자기 자신이 하고 있는 미용생활이 건전하고 바른 시각, 즉 자신의 일에 대한 '철학'을 철저하게 갖는다는 것은 앞으로 자기 인생을 지금보다 보람되고 성공적으로 꾸려나가는 데 더 없이 중요하다.

이것이 젊은 나이일수록 그리고 단호하게 빠른 판단일수록 당신에게 도움이 될 것이다. 사람마다 얼굴이 다른 것처럼 사람마다 소질과 적성이 있다. 그리고 기호와 지적수준도 다르다. 그러나 기왕에 미용생활을 시작했다면 미용인으로서 남들보다 뛰어난 능력을 인정받아야 한다. 그래서 미용분야에서 전문가가 되고 프로가 되어야 하는 것이다. 사람의 능력은 자기의 노력여하에 따라 달라진다. 특히 헤어미용은 다소 능력이 부족하다 하더라도 부지런히 계발하고 노력하면 누구나 우수한 결과를 만들 수 있다. 포기만 안하면 얼마든지 노력으로 극복될 수 있기 때문이다. 미용인으로 성공한 사람들의 공통점은 바로 포기하지 않았다는 것이다. 지금까지의 당신을 만든 것이 당신 자신이며 당신을 바꾸는 일도 당신 자신이다. 앞으로의 미래도 당신이 하기 달려 있을 것이다.

자신이 세운 목표나 계획에 대해 주저하거나 두려워하지 말라. 어떤 일이든 피하지 말고 어떻게든 반드시 성공하겠다는 적극적인 의지가 있어야 한다. 이러한 정신적인 힘은 자기 스스로 계발하고 길러야하는 것이다. 자기 마음속에 열정을 길러보자. 일단 결정했으면 행동하라. 아는 것을 실행하는 자가 행복한 사람이다. 행동하지 않으면 전혀 희망이 없다는 사실을 잊지 말라. 이것이 당신을 어떤 사람으로 만드느냐가 결정된다. 행동하고 나서 보면 생각보다 쉽다. 그러니까 무슨 일이든 서슴지 않고 해나가는 동안은 새로운 노하우를 알게 된다.

우리는 무엇 때문에 미용생활을 하는가? 미용이 아무리 매력이 있다고 해도 또는 돈을 벌게 한다 해도 아무리 중요하다고 해도 미용은 어디까지나 개인의 행복과 미래를 위한 하나의 수단이거나 방법일 뿐이다. 미용이 인생의 목적이 될 수는 없다. 아침 일찍 미용실에 출근해서 저녁 늦게까지 미용을 하고 귀가하는 생활이 반복되다 보면, 무엇이 수단인지 목적인지 혼란스러울 때도 있다. 아무리 미용생활이 중요해도 그것으로 가정생활에 지장을 초래하거나 미용인들의 건강이 나빠져서는 안된다. 한 마디로 미용생활은 자신의 행복을 보장하고 연장하는 수단이 되어야 한다. 그러기 위해서는 보람과 가치의 실현 현장이 되어야 할 것이다.

가정은 사회조직 중 가장 기본적인 단위이며 개인의 일생에 가장 큰 영향을 주는 중요한 집단이다. 또한 가정은 인간관계가 최초로 맺어지는 기본적인 집단이다. 미용생활을 하다보면 가정은 등한시 되는 경우를 보게 되는데, 토요일과 일요일이면 더 바쁜 미용실에만 매달리게 되고 그러다 보면 자연히 가정에 소홀해져서 가족과의 대화를 나누는 것조차 소홀해 지는데 이것은 결코 좋은 현상이 아니다. 미용생활뿐만 아니라 가정도 함께 존중되어야 한다. 가정과 사회는 필연적으로 상호작용의 관계이면서 가정은 인간생활의 중심이라 하겠다. 오히려 미용생활보다는 가정이 존중되어야 바람직하다. 미용생활은 개인의 행복과 가정의 안정을 위해 하는 것이다. 가정과 미용생활은 언제나 조화를 이루어야 한다. 가정을 희생하면서 미용생활에 몰두할 수도 있겠지만 좀 더 가정에 충실해야 한다. 가정이 행복해야 미용생활도 충실할 수 있고 힘을 얻는 것이다.

앞에서 지은이 소개에 표현되어 있듯이 저자는 천안 소년교도소에서 교정교육활동을 하고 있다. 그 곳에 온 소년들은 대부분의 공통점이 결손 가정의 아이들이다. 부모가 자녀에게 해 줄 수 있는 가장 좋은 일은 부부가 서로 사랑하는 일이다. 가족들의 기대에 부흥하기 위해서는 많은 시간을 유익하게 보내야 한다. 인생이 굽이굽이가 있다는 것은 삶의 비밀을 터득한 사람들이라야 내릴 수 있는 결론이 아닐까 생각한다. 이래야 미용인생에서도 성공하게 될 것이다. 오늘 내 가정부터 살펴보아야 한다.

결혼은 결코 가벼운 마음으로 시험 삼아 심심풀이로 할 수 있는 것이 아니다. 결혼 생활도 미용의 일과 똑같다.

결혼 생활을 지켜나가려면 끊임없는 서로의 노력이 필요하다. 가정생활을 소홀히 한다면 돈을 많이 벌어 물질적 풍요는 누릴지 몰라도 언젠가 다가올 고통으로부터 자유롭지는 못할 것이다. 삶의 고통의 시점과 원인을 잘 알아차리는 미용인만이 고통으로부터 지혜롭게 벗어날 것이다.

부정을 긍정으로

긍정적인 마인드

긍정적인 마인드는 세상을 살아가는 데 매우 중요한 것이다. 인생은 우리가 믿는 대로 전개된다는 사실을 알아야 한다.

즉 잠재의식은 스스로를 인생에서 현실화시키려고 한다. 우리 미용인들 모두가 자신의 이미지를 긍정적이고 밝게 가져야 하는 이유는 긍정적인 정신이 늘 깨어 있어야 어떤 일의 옳고 그름을 올바르게 분별할 수 있기 때문이다.

존 메이저 전 영국 총리는 아주 가난한 가정에서 태어났다. 열여섯 살 때 학교를 중퇴한 그는 가족을 부양하기 위해 노동 현장에 뛰어들었다. 총리가 된 후 기자들로부터 고난의 세월을 어떻게 극복했느냐는 질문을 받고 그는 이렇게 대답했다. "그 어떤 상황에서도 비관적인 생각을 갖지 않는다. 항상 희망을 갖고 일하면 부정적인 생각이 사라진다. 하늘은 표정이 밝고 긍정적인 사고를 가진 사람에게 복을 내려준다." 그의 말을 뒤집으면 염세적이고 부정적인 생각은 좋은 이미지와 행복을 갉아먹는 좀 벌레와도 같다는 것이다. 이종선의 《따뜻한 카리스마》 중에서 나오는 이야기이다.

매사 긍정적인 생각으로, 아름다운 이미지를 상대방에게 남겨줄 수 있는 좋은 사람이 될 수 있으면 참 좋겠다. 미용은 우리 인생을 행복하게 하고 풍요롭게 살 수 있는 동기부여(Motive)가 된다.

덕성스럽지 않고 재주만 많은 학생들은 예부터 '재승덕'이라고 불리며 가장 수준 낮은 인간으로 취급받았다는 이야기가 있다. 우리 미용인들은 미용기술뿐 아니라 인간미를 겸비해야 한다. 그저 손재주만 가져서는 안 될 것이다. 사람은 조금만 알아도 마치 다 안다고 생각할 때가 있다. 많이 알수록 더 많은 의문이 생기는데 말이다. 긍정적인 생활관을 갖고 여유 있게 살아가는 사람에게는 오랜 세월이 흐르는 동안 어느 순간인지 모르게 훈훈한 분위기가 감돌게 될 것이다. 지속적인 낙천주의는 힘을 증가한다. 성공한 사람들의 공통점에는 뭔가가 긍정적인 것이 있다. 긍정적인 미용 예술이나 창작활동도 궁극적으로는 '분위기 연출'인 것이다.

우리의 모든 행동과 모든 운명은 바로 자신의 생각에 따라 결정이 된다. 미용 일을 하면서 내가 마음의 상처를 입게 될 때 늘 쉽게 회복할 수 있도록 도와주는 것은 바로 긍정적인 생각이다. 내가 어떤 일에 부정적으로 반응할 때면 그 일의 긍정적인 면을 보려고 노력한다. 내가 잘못된 길에 들어설 때, 바로 알아채고 나에게 열정적으로 확실히 나의 잘못을 알려주는 재능을 계발하려고 하는 것이다. 내 마음의 문을 열고 진실하게 내가 나에게 대화 해 본다. 그러면 성공하는 것과 실패하는 것은 개인의 주어진 조건과 여건과는 아무 상관없는 일이며, 다만 중요한 건 그 사람의 삶의 태도에서 결정된다고 여겨진다. 순간순간 주어진 작은 일까지도 성실히 해 나갈 때 성공이 이루어진다. 미용의 일로 주위 사람들을 많이 접하면서 성공하는 사람은 성공할 수밖에 없는 이유가 있고 실패하는 사람은 실패할 수밖에 없는 이유가 있다는 것을 알게 되었다.

우리 미용인 각자는 태어나는 순간부터 성공을 보장하는 법이 없다는 것을 깨달아야 한다. 그래서 미용인 자기가 자신의 가치를 높이려고 노력해야 한다. 자신을 확 바꿔야 된다. 그래야만 호감받는 인간관계를 유지할 수 있으며 결국엔 행운이 오게 된다.

낙천적이고 긍정적인 마음에서 행복은 오기 마련이다 그래서 긍정적인 마인드와 자신의 이미지를 보다 높이기 위한 자기암시가 필요하다. 우리는 생각이 감정과 행동에 큰 영향을 미치는 것을 살면서 느낄 때가 있다. 어쩌다 자신감이 없을 때나 실패하고 낙담하고 있을 때에 자기암시로 긍정적인 말을 자주하여 자기를 마인드 컨트롤하여 미용실에서 능률이 오를 수 있도록 하자. 예를 들어서 "아 오늘은 손님이 많을 것 같애"와 "내 능력이라면 충분해" "난 반드시 해 낼거야"라는 말로 의식적으로 긍정적인 마인드를 갖는 것이다. 그러면 자연스럽게 자신감도 생길 것이고 그것이 표정과 언행에도 나타나서 손님들에게나 주위사람들에게 신뢰받게 된다. 그러면 당연히 기회도 그만큼 많이 찾아올 것이다. 명랑하고 활기찬 사람은 주변 사람들로부터 호감을 사기 쉬운 법이다. 자기도 주위사람도 행복하게 만들고 미용실에서의 피로를 별로 느끼지 않게 되고 돈도 기분 좋게 벌게 되는 것이다. 이렇듯이 우리 자신의 발전을 위해 조금씩, 조금씩 앞으로 나아가게 될 때 우리 미용인들은 비로소 미용계 안에서 멋있는 미용인으로 평가되어지는 것이다.

부정적인 생각은 부정적 행동을 만든다

긍정적인 생각을 가진 사람은 하는 일마다 술술 잘 풀리게 된다. 긍정적인 생각을 하느냐 마느냐에 따라 삶이 천국도 되고 지옥도 되듯이 생각은 자신의 미래에 결정적인 영향력을 행사한다. 생각이 긍정적이면 운명도 좋게 바뀌게 된다. 부정적인 마음이냐, 긍정적인 마음이냐에 따라 전혀 다른 자기의 미래가 만들어진다. 미용 사업을 시작 할 때 안 될 것을 생각하고 하는 사람은 없다. 그런데도 막상 미용 사업을 시작하고 보면 그게 아니다. 어떤 사람은 손해를 보고 돈을 떼기도 하고 또 어떤 사람은 빚을 걸머진 상태에서 쓰러지기도 한다. 어려움을 겪어 본 사람은 정면 돌파하지만 그렇지 못한 사람은 후퇴하거나 도피한다. 성공이냐 실패냐는 우리들 앞에 어떤 일이 생기느냐에 따라서가 아니라 우리가 어떤 태도를 취하느냐에 따라 결정되는 것이다. 통제하고 강요하고 힘을 사용하는 것은 불행을 만들어 낸다.

긍정적인 마음 씀씀이는 행동과 표정을 부드럽게 한다. 즉 마음의 상태가 현재와 미래를 변화시킨다. "할 수 있다"라고 마음 먹으면 정말로 그 믿음대로 이루어지게 된다. 자신도 모르는 사이에 몸과 마음이, 그리고 생활이 변화된다.

IMF때는 한 상가 건물 주인이 한 달에 두 번씩 바뀌는 경우도 있고, 한 푼도 못 받아 거지가 된 사람, 가정불화로 이혼한 사람 등등 사회적인 현상으로 모두가 힘들었던 시절이었다. IMF와 마찬가지로 세상은 전혀 나의 의지와는 상관없이 이루어질 때도 있다. 그때는 미용시장도 마찬가지였다. 너무 힘든 나머지 세상이 싫어서 나를 포기하고 싶을 때도 있었을 것이다. IMF의 한파 때 그 당시엔 자기가 예기치 못하고 원치 않는 그런 상황에 처했던 사람들이 많았다. 그땐 사회현상이 그러했다. 우리나라가 모두 힘들어 했던 시절이다. 상가 건물 전세비를 못 받아 마음고생한 사람들이 무척 많았다. 이미 정신의 무감각, 또는 마비 상태에 이른 것이다. 인생은 예측불허라 했다. 정말 알 수 없는 게 인생 같다. 실패는 언제나 그렇게 우리 주변에 있을 수 있다. 살다 보면 뭔 일은 없겠는가? 지금까지의 실수한 모습도 내 모습임을 인정하고 스스로를 사랑하기로 결심하자 그렇게 때론 실패조차 요긴하게 쓰일 때도 있다. 우리는 그것을 명심해야 한다. 그 실패와 많은 시행착오들은 고통과 함께 내게 많은 가능성을 남겨 주곤 했다. '냉정한 판단력과 결단력' 그것을 실행할 수 있었던 용기는 인간적 약점을 극복한 정신력 같았다. IMF 당시에 나의 미래를 알 수 없었으나 시도해 봤다는 것은 내게 커다란 의미가 있는 일이었다.

인생 역전 중에 하나는 사람을 많이 만나는 것이다

사람은 정보인 것이다. 만나서 교류하다 보면 시대의 흐름을 감지할 수 있다. 그러므로 사람은 시시각각 변할 줄도 알아야 한다.

사는 게 참으로 살만하다고 느껴지는 것은 자기도 모르게 베풀고, 알면서 거둔다는 것이다.

어려움을 겪으면서 자기도 모르는 사이에 강해진다는 것을 잊어서는 안 된다. 시련과 역경을 이긴 사람은 어떤 어려움에도 이길 수 있는 패기가 생긴다. 기회란 정말이지 찾으려고만 하면 기어이 오고야 마는 것 같다. 낙심하고 비통해하고 실망하는 것이야말로 자기 인생을 창조하고 전진시키는 에너지의 원천인 것이다. 그 숱한 어려운 시절 사회현상에 동요되지 않고 주어진 환경에서 최선을 다 했던 것이다. 그러므로 망가지고 사는 것은 바람직하지 못하다. 어쩌면 불안이라는 것은 우리가 살아가는 데에 필수적인 것일 수 있다. 배워야 한다는 강한 지식욕과 용감한 실천 시도만이 성공인으로 가는 길이 아닐까? 생각한다. 여하튼 뜨거운 열정만이 삶의 내용을 바꿔 놓는다. 남으로부터 떨어져 자기 자신을 성찰하고 자기를 이해하는 훈련이 필요한 것이다. 그리고 삶의 방향키를 과감히 돌릴 줄도 알아야 한다. 소홀히 했던 일을 찾아보고 절망 속에서 강한 정신을 싹 트도록 하는 것이 매우 중요하다. 그리고 자기 자신을 사랑하면 뭔가 보인다.

그렇게 되면 자신이 변해 간다는 사실을 실감하게 될 것이다. 고난의 시간이 지나서야 행복이 있다는 것을 알게 된다. 인생살이도 우리 미용과 다를 바가 하나도 없다고 생각한다. 자신을 보는 훈련에는 자기를 사랑하는 마음이 수반되어야 한다. 우리가 머리를 감지도 않고 며칠을 견디다보면 머리에서 냄새도 날 것이며 머리 모양새는 마냥 제 멋대로일 것은 분명하다. 그러하듯 인생도 우리들의 머리 가꾸기와 다를 게 뭐 있겠는가? 인생을 스스로 잘 가꾸지 않으면 진흙물통 속에 빠질 수도 있고 나태하게 살것이고, 인생을 사랑하며 잘 가꾸는 사람은 자신의 삶을 멋있게 잘 즐기고 누릴 것이다.

지혜로운 삶의 선택은 자기 스스로 만드는 것이다. 행복이든 사랑이든 그 무엇이든 말이다. 있는 그대로의 자신을 받아들여야 자기를 멋지게 사랑하는 것이다. 살면서 삶의 영향을 받고 싶지 않은 사람과 매사에 모든 일을 미루려고만 하는 사람은 자기 자신을 볼 줄 알아야만 한다. 자기 계발에 태만한 사람은 미용 기술 쪽에서는 절대로 성공할 수가 없음을 알아야 한다. 그래서 우리는 자신을 자랑스럽게 생각하도록 노력해야 한다. 그리고 자기 자신이 실수를 해도 받아 주고 용서를 할 줄 아는 사람만이 삶을 즐길 수 있음을 알아야 한다. 우리나라에서는 즐긴다는 느낌의 단어가 이상하게 안 좋은 이미지로 통하고 있는데, 그런 해석이 아니라 좋은 쪽으로 생각하기 바란다. 인생을 누린다는 의미에서 말이다. 미용인 여러분들이 이 책을 통해 자신의 고민을 생생하게 떠올리고 스스로에게 질문을 해서 스스로 생각을 한다면 자기를 사랑하게 될 것이다. 자신의 단점을 받아들여야 발전이 있는 지혜로운 삶을 살게 될 것이다.

약간의 열등의식은 자기 발전에 도움이 된다

열등의식(콤플렉스)때문에 평범한 삶을 살던 내가 미용인도 될 수 있었고 대학교수도 박사도 될 수 있었다. 약간의 열등의식은 자기발전에 필요하다. 아무리 잘 해 내더라도 언제나 스스로 결점을 찾아내야 한다. 자신의 동기를 알고 잘못된 점을 인정함으로써 자신의 진짜 모습을 알 수 있게 되고, 그 결과 진정한 겸손의 의미를 알게 되곤 할 것이다. 성패와 상관없이 자기가 소중한 존재임을 알고 자기를 사랑해야 할 것이다. 항상 자기도 실패할 수 있는 사람이란 걸 알아야 된다. 이런 새로운 사실에 눈 뜨기를 원한다. 미용인이 처음 머리 커트기술 배울 때 얼마나 많은 실수와 반복으로 훈련되어 배워 왔는지를 우리 미용인들은 너무나 잘 알고 있을 것이다. 많은 시행착오를 통해서 우리가 성장해 왔듯이 우리들의 인생 역시 그러하리라 생각한다. 자기 자신의 능력과 미래에 대한 두려움을 버리고 자기를 사랑하면서 노력하면 안 되는 것이 없다. 즉 포기만 안하면 된다는 것이 나의 지론이다.

자기 행동이 낳은 결과로부터 회피하려는 경향은 스스로 자기를 사랑하는 마음으로 치유해야 한다. 자기 자신을 사랑하는 법 중에 한 가지는 우선 스스로를 있는 그대로 인정하는 것이다. 미용의 세계에서는 스스로 배우는 것이야말로 최고의 교육이다. 인정하고 모든 일에 관심을 갖고 스스로 노력하면 꼭 성공할 수 있다. 긍정적인 마음이면 안 될 것이 없다.

그래서 에너지를 쓸 때 없이 쓸 경우 마음에는 평화가 없다. 지나간 일을 던져 버리라는 것은 과거를 무시하라는 말이 아니다. 잘 삼키라는 뜻이다. 지난 일들을 꿀꺽 잘 삼켜서 어제보다 오늘을 더 새롭게, 더 멋있게 살라는 뜻이다. 과거의 아픔이나 상처들은 걷어내고 그 안에 담긴 긍정의 요소들을 찾아내 새로운 자양분으로 삼는 것이 곱게 나이 들어가는 것이다.

무슨 사정을 가지고 타인이나 이웃과 이야기를 할 때, 어느 쪽의 말이 정당한지 분명히 모를 때는 즉시 입을 다물고 도무지 논쟁하지 않도록 하자. 다른 사람이 내 말을 그르다고 할 때에 받아들이기 어렵다 할지라도 유순히 거기에 따라서 침묵을 지키자. 상대방의 말은 확실히 이치에 맞지 않을지라도 실제 사정이 좋은 것이라면 그 가부를 다투지 말고 가만히 있도록 하자.

그러나 만일, 어떻게 하든지 옳고 그른 것을 말하지 않으면 안 되는 상황이라면 반드시 평온한 자태로, 말을 부드럽고 친절하며 잘 알려 주는 것처럼 할 것이며 결코 분노하거나 무례한 말을 사용하지 않도록 하자. 진정으로 용서해 주자. 냉철하게 자신의 역사를 되돌아보아야 할 것이다. 여기에서 명심보감 성심편에 나오는 마음을 살피는 글에 관한 아래 구절을 소개하지 않을 수 없다. '不經一事(불경일사)면 不長一智(부장일지)니라' 한 가지 일을 경험하지 않으면 한 가지 지혜가 자라지 않는다는 의미이다. 즉 사람은 경험을 통해서 지혜가 길러진다. 그러므로 여러 가지 경험을 통해 인생에 도움 되는 지혜를 길러야 하는 것이다. 우물 속에 있는 개구리는 바다를 설명할 수 없는 법이다. 난 내 강의를 듣는 모든 학생들과 만나는 첫 강의 시간에는 경험을 많이 하라고 강조한다. 이 세상에 가장 큰 스승은 경험이라는 걸 알려 주고 싶어서이다. 격물치지(格物致知)라고 했다. 사물을 잘 관찰해야 그 이치를 알 수 있고, 이치를 알아야 지혜가 늘어나는 것이기 때문이다.

내가 나이에 비해 어려서부터 조숙하다는 말을 많이 들었던 이유는 아마도 가급적이면 많은 인생과 다채로운 경험을 쌓으며 살기를 희망하는 사람 중에 한 사람이라서 그런 것 같다.

20대엔 수없이 무너짐을 맛보면서도 그저 열정으로만 꿋꿋하게 이겨내곤했다. 그러나 열정만으로도 능사는 아니다. 지식을 통해 삶이 풍부해진다. 다시 말하면 경험의 노련함을 통해 얻은 지혜로써 나타내지는 것이다.

노력하면 안 되는 것이 없다. 특히 미용기술은 더 더욱 그러하다고 생각한다. 전심전력 한다는 것. 죽기 살기로 조금씩, 천천히 해서 깨야 한다는 것이다. 긍정적인 말은 기분 좋을 때만 하는 것이 아니다. 행복할 때만 할 수 있는 것도 아니다. 그 속에서 더욱 성숙해지는 자신의 모습을 발견할 수 있다. 부정적인 에너지든, 긍정적인 에너지든 쓰면 쓸수록, 생각하면 생각할수록 더욱 강화가 되고 습관이 되어 그것은 자신의 삶을 이끌어 간다.

긍정은 미용인이 성공하는 데 가장 지름길로 만들어 주는 요소이다. '긍정적인 생각, 긍정적인 감정, 긍정적인 말'을 선택하는 습관을 들이기 바란다.

지금 나의 핸드폰 대기화면 문구에는 "난 내가 멋있어"라고 이렇게 글을 올려놨다. 내가 현재시제를 사용하여 늘 긍정적인 마음으로 생활하기 때문에 마음의 평화와 기쁨을 누릴 수 있는 것이다. 우리가 무엇을 하든지 어떤 상태에 있든지 반드시 긍정적인 마음상태가 중요하다. 좋은 습관은 좋은 행동을 갖게 하고 좋은 결과를 얻게 한다.

축구선수 박지성은 경기장에 설 때마다 "나는 최고야"라고 되뇐다고 한다. 자기 능력에 대한 믿음의 채찍질을 하는 것이다. 나는 이렇게 생각한다. "어느 분야든 최고의 자리는 땀과 눈물과 고통이 따르지만 한 번 쯤은 도전해 볼 만한 일이다"라고 말이다. 한 번 정상에 올라가 본 사람이라야 또 다른 정상을 꿈꾸게 된다. 자신을 믿고 '지금'보다 한 걸음 더 내딛는 것, 거기서부터 최고의 자리는 시작되는 것이다.

대부분의 사람들은 자기들이 이해하는 것은 소홀히 하고 파악할 수 없는 것을 공경하기 마련이다. 모든 위기와 도전을 통해 내가 삶 속에서 얻은 것은 바로 자신을 가꾸는 과정을 생각해 내는 것이었다.

전체적인 균형을 생각하고 판단을 내릴 수 있도록 꿋꿋하게 자신을 이겨내도록 하는, 즉 도전 정신이다. 노력을 많이 들인 것이 높은 평가를 받는 것이므로 목표가 클수록 개인의 능력이 자라나고 참신한 아이디어가 많이 나온다. 그리고 변신속도가 빨라지는 법이다. 목표가 높을수록 강한 정신력이 생기고 확실한 행동력이 유발된다. 아무리 그림을 못 그리는 사람도 호랑이를 생각하고 열심히 그리다보면 비슷하게 생겨진 고양이라도 그려진다는 말이다.

챔피언(Champion)

최선을 다하는 미용인

이 세상 어느 누구도 실패하기 위해서 태어난 사람은 없을 것이다. 태어날 때부터 미용으로 성공하는 사람 또는 실패하는 사람이 정해지진 않는다. 단지 미용에 성공한 사람들의 공통점은 자신이 하는 미용의 일을 즐긴다는 것이다. 미용에서 성공한 사람에게는 성공할 수밖에 없는 이유가 있다. 그 가장 큰 이유는 보통의 미용인들보다 미용기술에 반복 훈련량이 많아서이다. 하지만 기본 마음 자세와 기초가 없는 미용기술 정보의 공략은 미용시장에서나 미용교육현장에서 어떤 문제해결을 더욱 어렵게 하기도 한다. 똑똑하고 여러 방면으로 완벽한 사람이 성공의 트로피를 쥐는 것 같지만, 세상의 허물과 약점을 뒤로 하고 오로지 미용의 기술에 몰두하여 승부를 건 인생들이 트로피의 주인이 된다. 축구선수 박지성은 경기장에 설 때마다 "나는 최고야"라고 되뇐다는 말을 앞에서도 했다. 자기 능력에 대한 믿음의 채찍질을 하는 것은 우리 미용인들이 본받아야 할 자세이다. 어느 분야이든 최고의 자리는 땀과 눈물과 고통이 따르지만 반드시 도전해 볼 만한 일이고 미용기술 역시 마찬가지이다. 미용의 길에서 성공이 보장되었다는 것을 안다면 당신은 어떤 것을 과감하게 해 보겠다는 마음이 생길 것이다. 미용의 일이 어려워서 감히 손을 못 대는 것이 아니라 과감히 손을 대지 않으므로 일이 어려워지는 것이다. 분명한 것은 미용인생에서 의미와 목적이 있어야 한다는 것이다. 자기 자신을 믿고 지금 보다 한 걸음 더 내딛는 것과 포기하지 않으면 못 할 게 없다. 즉, 삶의 결과가 달라질 수 있다. 여기서부터 최고의 자리는 시작되는 것이다.

요즘은 대학에 진학해서 혹은 미용학문에 기여하고 싶어 하는 미용인들을 주위에서 많이 본다. 학벌이 중요하지는 않지만 기회와 연관이 되기 때문이다. 한 번 정상에 올라가본 사람이 또 다른 정상의 꿈을 꾸게 되듯이 이미 존재하는 기존의 규칙에 도전하는 미용인이 그만큼 많아진 것이다. 미용의 일이 힘들어 도중에 포기하는 사람이 많고 대학 졸업장은 있으나 졸업하고도 다시 남의 미용실에 취직하거나 미용학원을 다시 다니는 학생들이 아직도 많다고 미용실원장님들은 말한다.
대학교육이 허울뿐이고 내실이 없다는 지적은 어제 오늘의 일이 아니다. 미용대학에서 배출한 졸업생은 많지만 쓸만한 인재가 적다는 게 미용실원장님들의 불만이다. 한 해에 미용과 졸업생이 많아도 쓸만한 직원이 없다는 말들이다. 문제는 미용교육의 질이다. 대학의 혁신은 대학의 자각 밖에는 길이 없다. 변화의 핵심 동력은 역시 교수이다. 교수가 먼저 스스로 경쟁력을 높이기 위해 움직여야 한다. 그래야 학생들이 변한다. 그래서 가르치는 교과에는 정통이 있어야 한다. 교수의 인품이 좋은 것과는 좀 다르다는 개념이다. 대부분의 학생들은 만약 담당교수가 좋은 교육자라고 생각하면 수업시간과 학과 공부를 더 즐기게 될 것이다. 어떤 교수가 훌륭한 교수일가? 훌륭한 교수란 학생들의 공부를 더 쉽게 만들어 주는 사람이다.

전공과목과 적절한 예를 들어 학생들로 하여금 오래 기억하게 하는 수업이 중요하다. 이건 단순히 지식이 더 많다고 해서 되는 일이 아니다. 물론 좋은 교수의 첫 번째 기본 원칙은 담당과목을 잘 이해하고 있어야 한다는 것이다. 너무나 기본적인 것 같지만 그만큼 중요하다. 그것보다도 더 중요한 것은 다른 사람에게 자신의 지식을 잘 전달하는 것이다. 아는 것과 가르치는 것은 분명히 차이가 있다. 그리고 우리 미용인은 두 가지 교육을 받는다. 첫째는 남에게 받는 교육과 두 번째는 스스로 배우는 교육인데 남에게 받는 교육을 통해서는 지식을 얻지만 지혜는 스스로에게 배우는 교육이다. 그래서 스스로 배우는 것이 더 중요하다. 좋은 교수는 자신만의 고유한 교육스타일을 찾아낸 사람이다. 고유의 스타일을 가진 교수에게 학생들은 자신만의 방법으로 긍정적인 응답을 한다. 이와 같은 소통이 결국 학생들을 의욕에 불타게 만들고 수업시간을 즐겁게 만든다. 교육자 입장에서도 성공했다고 해서 현재에 안주하지 말고 연구중심대학으로 가야 옳다고 생각한다. 미용대학의 혁신은 미용대학의 자각밖에는 길이 없다. 변화의 핵심 동력은 역시 교육자이므로 교육자가 먼저 스스로 경쟁력을 높이기 위해 움직여야할 것이다. 미용대학을 나오고도 다시 미용학원을 다닌다는 것은 가정적으로나 사회적으로 커다란 낭비가 될 수 있으므로 자기 철학을 갖게 만드는 교육이 이뤄져야 한다. 개인적인 생각인데, 교수만은 그 과목에 정통해야 한다. 그래야 신뢰가 상승하는 것이 아닐까?

매일 시간을 정확히 관리하기는 사실 어렵다. 미용공부를 하는 제자들에게 말하고 싶다. 그러나 너무 정상에 도달하려고만 애쓰지 마라 그 다음은 내리막길 뿐이다.

모든 생각과 행동을 목표 달성에 집중하기 위해서는 기본적이고 일상적인 시간은 습관화될 수 있도록 행동하라. 미용 일을 하다 보면 너무 힘들어 가끔 포기하고 싶을 때가 있다. 한 번 정상에 올라가본 사람이 또 다른 정상의 꿈을 꾸게 되듯이 이미 존재하는 기존의 규칙에 도전하는 사람들에게 유용한 자료로 이용되길 바란다.

행동, 자신의 삶을 결정

행동에 의해 자신의 주변이 변화되게 하는 것이 참된 행동이다. 서로 거짓을 눈감아주고 서로 비열함을 감싸주고 보고도 못 본체 하고 사는 것이 세상인가? 나는 과거의 상처를 성장의 기회로 받아들인다. 한 가지 일에 열중한다는 건 좋다. 하지만 열중 안 해도 될 일에 정신없이 매달린다는 것은 시간낭비다.

자기 철학을 갖게 만드는 것이 행동이다. 그래서 매일 매일 시간을 정확히 관리하기는 사실 어렵다. 계획된 일을 열정과 굳센 의지로 시작할 때는 계획된 시간표대로 신경을 집중해서 관리하는 것이 나름대로 가능하지만 상당히 시간이 흐르면 시간을 관리하는 것, 그 자체가 더 신경이 쓰이고 그것으로 인해 엄청난 스트레스를 받게 된다. 애당초 목표한 일을 빨리 그리고 잘 달성하기 위해 시간과 계획을 차질 없이 잘 지키고, 모든 생각과 행동을 목표달성에 집중하기 위해서는 기본적이고 일상적인 시간은 습관화될 수 있도록 행동으로 옮기는 것이 효율적이다.

고생만이 가장 성공할 수 있는 길이다. 미용 일을 하다 보면 너무 힘들어 가끔 포기하고 싶을 때가 있다. 마음은 순간순간 달라지는 신기루와 같다. 미친 듯이 돌고 있는 게 사람마음인 것 같다. 특히 미용기능장 자격증 준비에 있는 교육현장에서 많이 느끼는 것인데 나는 무슨 일이든지 시작을 하게 되면 워낙 중간에 포기하는 것을 싫어하는 사람 중에 한사람이다. 5~6년 전까지만 해도 박사과정 공부에 전념하느라 나는 그다지 미용기능장 자격증에 관심조차 없었다. 그때는 그랬다.

전액 정부(노동부) 출연으로 설립되어 능력개발 및 실천기술 최고전문가를 육성하는 국내 유일의 한국기술교육대학교가 천안에 있다. 노동부 대외유관기관인 한국기술교육대학교의 능력개발교육원에서 미용1급 훈련교사 자격증을 취득한 후 현재는 미용기능장 자격증 취득에 도전을 시작했다. 나이 들어 미용기능장에 도전은 했으나 힘이 들어 포기하고 싶은 마음이 조금은 있었다. 그러나 몰랐던 기술을 습득하고 알아가는 기분은 한마디로 환희 그 자체이다.

실패는 성공의 필요충분조건임을 잊지 않고 있다. 미용기능장 공부란 합격이 목적이 아니다. 학문적으로 깊이 공부를 한다는 자세에 의미가 있다고 생각한다. 한 번에 혹은 두 번에 자격증을 취득했다 해도 자격에 미용기술이 미달되면 안 되기 때문이다. 미용학문이 기초가 되었을 때 반복을 하는 것이 많은 미용공부가 되기 때문에 여하튼 미용기능장 공부는 적극 권장하고 싶다. 결국 미용기술 습득 최상의 방법은 반복연습이기 때문이다. 개인적인 생각이지만 미용기능장 준비는 세대별로 봐서는 30대가 가장 좋다고 생각을 한다. 내가 기능장에 도전하는 이유는 창조적이고 새로운 사고의 필요성 때문이다.

미용기능장 자격증 취득을 포기하지 않고 실패를 통해 창조성을 깨우쳐가는 사례는 미용을 준비하는 새로운 세대나 미용문제 해결과 성공적인 자기 목표를 위해 애쓰는 미용인에게 활력소를 불어 넣는 것이 된다. 기능장 자격증 취득의 두 번 세 번의 실패가 있든 없든 기능장 공부는 중요하기 때문에 다시 말하지만 미용인이라면 누구에게나 좋은 공부라고 말하고 싶다. 거친 바닷물에 이리 철썩 저리 철썩 휩싸여도 흔들림 없는 조개 속의 진주가 바로 당신이길 바란다. 물결 바람이 세차게 멈추지 않고 흔들어 대도 진주는 고요히 있는 자세를 당신도 체득하길 바란다. 지혜롭게 살기 위해서는 마음 움직임에 흔들리지 마라. 남 놀 때 같이 놀면 어찌 남 보다 잘 될 수 있겠는가? 모든 건 다 자기 하기 나름이다.

그래서 이 세상에 미용의 1인자는 없다고 생각한다. 언제든 노력에 의해서 얻을 수 있는 것이기에 지금의 당신이 1인자가 될 수도 있다는 말이다. 노력하는 사람에겐 못 당한다는 말이 있다. 자기가 되고자 하는 미용인의 모습을 항상 머릿속에 그려보자.

미용의 길도 오르막과 내리막의 길이 있다. 그런데 계속 명성이 오르는 것만이 능사가 아니고 지금 현재의 당신 위치에서 내리막길이라고 해서 막장으로 가는 것도 아니다. 그러므로 미용의 길을 걸을 때 오르막 길에서는 조급함을 버리고 여유롭게 가치를 자신의 목표에 맞추는 것이 중요하다. 겸손하게 가야 하며 미용의 내리막길에서는 더 커다란 기대와 할 수 있다는 믿음을 가지고 희망차게 미용의 길을 가야 하는 것이 미용인으로 정신건강에 좋다. 인생에는 오르막과 내리막은 반드시 있기 때문이다.

우리가 의지할 수 있는 것은 바로 자기 자신이며, 즉 그 의지가 자신의 힘인 것이다. 그래서 미용교육이 낭비가 되는 일은 결코 없을 것이다.

결국 우리 미용인들의 관심사는 누구나 그러하겠지만 포기만 안하면 성공한다는 사실을 너무나 잘 알고 있어야 한다.

맨 처음 미용에 입문할 때 문지기부터 시작하여 청소하는 건 물론이고 샴푸하는 과정을 지나야 한 단계 한 단계 기술 습득하는 과정을 반드시 겪어야 한다. 그러다가 반복과 재능을 필요로 하는 일인가를 깨닫고는 그만 스스로의 무모함에 기가 질리고 말았던 적이 미용인이라면 누구나 한 번쯤은 있었을 것이다. 결국 미용기술은 끊임없는 인내를 요구하는 것이고 세월이 흐르면 나이가 저절로 먹듯이 미용기술 역시 포기만 안하고 꾸준히 노력하면 된다는 것이 사실이다. 그래서 스스로 자기가 자기만의 미용철학을 만들어보자. 성격은 자기가 결정하듯이 우리의 철학도 내가 미용을 통해 만들어 보자.

철학이 있는 미용인의 길이 진정한 깨달음으로 가는 길이다. 자각하기 위한 미용훈련이 필요하다. 자각하면서 미용을 하는 것이 중요하다. 그리고 각자 자신에게 맞는 지혜를 찾을 줄 알아야 하겠다.

주어진 여건과 현실에 머무르지 않고 더 넓은 세상, 모든 위기와 도전을 통해 내 삶 속에서 얻은 것은 바로 자신을 가꾸는 과정을 생각해 내는 것이었다. 전체적인 균형을 생각하고 판단을 내릴 수 있도록 꿋꿋하게 자신을 이겨내도록 하는 도전 정신이다. 노력을 많이 들인 것이 높은 평가를 받는 것이다. 개인의 이익을 따질 것이 아니라 미용인의 발전을 위해야 할 것이다. 자신의 가치와 미용의 길에 일치하는 것에 바탕을 둔 의미 있는 목표를 가졌다면 도전정신이 필요하다. 도전정신이야말로 당신이 정말로 바라는 것을 이루게 하고 당신만이 느낄 수 있는 만족감을 주기에 어떤 무엇과도 바꿀 수 없는 황홀한 마음이다.

당신은 미용직업능력을 향상시키기 위해 어떤 기술을 연마하고 있고 그 미용기술을 어떤 경로로 배우고 있으며 현재 당신에게 알맞은 미용기술은 어떤 것들이며 또 현재 당신의 미용기술을 향상시켜 주는 사람은 누구이며 직무능력을 함양시키는 것은 무엇인지를 생각해 볼일이다. 대부분의 사람들은 자기들이 이해하는 것은 소홀히 하고 파악할 수 없는 것을 공경하기 마련이다. 한 단계 한 단계 목표가 클수록 개인의 능력이 자라나고 참신한 아이디어가 많이 나오고 변신속도가 빨라지는 법이다. 목표가 높을 수록 강한 정신력이 생기고 확실한 행동력이 유발된다. 그래서 지금의 자기보다 더 멋있는 새로운 자기로 변신하자. 제일 핵심이 될 만한 것을 메모하는 습관을 갖는 것이 중요하다. 자기의 커리어 패스(Career path)에 대한 생각도 바꿔야 한다. 자신의 뿌리에 대해 생각을 해보자. 그리고 현재까지 어떻게 살아 왔는지 자신을 되돌아보고 정리를 해보자. 자기가 열심히 했던 일들과 열심히 했을 때마다 달성했던 것들과, 행복했던 일 등의 경험을 자기 역사로 적어 보자. 자신의 정체성을 찾자. 그러려면 냉철하게 자기의 역사를 되돌아봐야 한다. 나는 누구인가? 나는 어디에 있는가? 나의 장점은 무엇인가? 생의 가치, 철학, 성격적 특성, 개성, 흥미, 커리어 유형 등 자기를 분석하는 작업을 통해서 자신의 스타일을 깨닫는 것이 중요하다. 우리들의 마음은 하나이지만 두 개의 영역으로 나눠져 각각 다른 기능을 가지고 있다. 주어진 시간을 어떻게 쓰는가가 인생이다. 산다는 것은 고르는 일이다. 한정된 시간에 무엇을 버리고 무얼 취할 것인가가 곧 인생의 성패를 가름하는 것이다. 이 이야기는 미용 문제 해결과 미용 코칭에 필요한 노하우를 정립하는 데 중요한 단서를 제공한다. 미용의 일에서 성공했다고 해서 손을 떼지 말아야 할 것이다.

미용인의 챔피언(Champion)이란?

아우구스투스 대제는 자신이 국왕이었다는 점보다 한 사람의 인간으로서 훌륭한 인격을 가지고 있었다는 점을 더욱 명예롭게 생각했다고 한다. 제 아무리 높은 위치에 있는 사람이라 할지라도 인격적 인면에서는 그 지위가 더 높은 곳에 있어야만 한다. 거물이라 불리는 사람은 지위와 상관없이 그 인격이 지위를 초월한 높은 곳에 자리하고 있기 마련이다. 어느 지위를 초월하기 위해서는 비범한 재능과 함께 자신감을 겸비하고 있어야만 한다. 미용인으로서 자기 자신에 대해 자신감을 갖는다는 것은 매우 중요하다. 최고의 자리에 있게 되면 이해를 바라는 마음이 클 때가 있다. 하지만 아쉽게도 공감도 이해도 얻지 못한다. 자기의 진심을 믿어주는 사람들이 그대로 자리하고 있었으면 좋겠다고 염원할 뿐이다.

당연한 말이지만 꿈이 있는 미용인은 꿈이 없는 미용인을 절대로 본받으려 하지 않는다. 특히 미용인들 중에는 굳어진 습관을 중단하도록 노력해야 한다. 삶을 현명하게 이끌어 나가기란 쉬운 일이 아니지만 어쨌든 자신의 삶을 꾸려 나갈 수 있는 올바른 방법을 찾아내야 한다. 한 분야에서 최고가 되는 것은 아름다운 일이다. 그 길은 아름다운 길이고, 치열하고 힘든 길이다.

그 힘든 일을 즐겁게 할 수만 있다면 그게 바로 성공일 것이다. 싫은 일에서 새로운 창조의 힘이 솟을 리 없다. 즐겁게 할 수 있는 일을 찾아라. 즐겁게 하다보면 언젠가 최고의 자리에 우뚝 서는 날이 반드시 찾아온다. 어느 미용인보다 기술이 더 낫다고 해서 혹은 잘 나가고 있다고 해서 또는 누군가를 이겼다고 해서 최고의 미용인이 아니라 최고가 되기 위해 최선을 다하는 미용인이 바로 '챔피언 미용인' 이다.

2장

삶의 향기

능력 있는 사람이 되어라.

팔 하나라도 온몸처럼
사용할 수 있는 방법을 배워라.

-세익스피어의 인생에 대한 조언-
〈리처드 2세〉 3막 2장

누구나 핸디캡은 있다

부족함이 약간 있어야 한다

사람들은 겉으로는 초연한척 하지만 속으로는 누구나 경쟁심에 갈등한
다. 그래서 크게 주목받는 자에게는 질투의 시선이 따라 붙는다.
미용현장에서는 더욱 실감할 수 있다. 열등감은 사람으로서의 정상적
인 반응일 것이다. 누구든 열등감은 있다고 생각한다. 그 열등의식이
오늘날 나를 성장시킨 부분도 있기 때문이다. 열등감이 꼭 나쁜 것만은
아니다. 만약 우리가 완벽하다면 모든 것을 다 갖추고 있다면 우리는
생에 대해 아무런 흥미도 욕구도 느끼지 못할 것이다. 그러나 부족한
것, 극복해야 할 것이 있기에 삶에 대한 의지를 가질 수 있는 것이다.
모험심이 많은 미용인은 아마 기술이 부족할 시기에 기술 습득을 위해
서는 유명 브랜드가 있는 미용실이나 TV와 미용신문 등을 통해 알려진

미용인이 있는 곳으로 가서 그 사람의 기술을 배우고 싶어 하게 된다. 힘들고 까다로운 곳 어지럽고 혼란 속에서 그 진가를 마음껏 발휘할 수 있는 사람에게는 배울 것이 많다.

미용의 길에서는 일부러 무능한 미용인을 자신의 직원으로 채용해 자신의 능력을 돋보이게 하려는 사람이 있는가 하면 또는 실력 있고 능력이 뛰어난 아랫사람을 채용하는 경우도 있다. 아랫사람이라고 해서 혹은, 자기가 남보다 먼저 성공했다고 해서 부하직원을 함부로 대하지 마라. 언제 어떻게 위치가 바뀔지 아무도 모른다. 나는 개인적으로 스스로 힘들고 어렵다는 교육기관이나 미용현장엘 찾아가서 자기 진가를 발휘하는 사람을 너무 아름답다고 생각한다. 그리고 그 강인함을 사랑한다. 그런 미용인은 반드시 성공하는 미용인으로 자리매김한다.

성공한 사람들의 인생 이야기를 잘 듣다 보면 공통점은 바로 발상전환에 있다. 우리들은 누구나 자기 생각을 갑자기 바꾸게 되면 난감해진다. 무슨 생각을 어떻게 뒤집어야 하는 것과 어디서부터 시작해야 하나 고민만 쌓일 때도 있다. 변신이란 한 순간에 전체 모습을 바꾸는 변신술이 아니므로 여태껏 살아오면서 자신도 모르게 습관적으로 쌓여지고 굳어진 생각을 한순간에 확 뒤집고 거듭나게 하는 것은 분명 아니다. 그러므로 적어도 나의 경험으로는 노력만이 발상의 전환을 이끌고 성공을 거둬들인다고 생각한다. 물론 생각을 바꾸는 데는 그리 긴 시간이나 커다란 노력이 들지 않을 수도 있다. 그러나 끈기 있는 노력이 필요하다.

내가 이 사실을 어렴풋이 깨닫게 된 것은 미용기술을 습득하면서이다. 처음 미용을 시작할 시절, 미용학원학원에서 미용사자격증을 준비하는 사람들이 50명 정도였다. 헤어미용 기술습득이 어렵다며 그만 두는 사람도 있었고 미용실 근무하는 것이 힘들다며 그만둔 사람도 있었다. 바로 도중하차하는 사람들이 많았다. 도중하차하는 사람들이 하나 둘 생기면서 직업을 바꾸어 식당을 경영하는 사람도 있었고 집안에서 살림만 하는 사람도 있었다. 이 세상 모든 일이 처음부터 쉬운 일이 어디 있으랴? 나는 오히려 미용기술이 없었기 때문에 미쳐야 한다는 생각을 했었다. 나로서는 마음을 바꾸는 첫 번째 시도이기도 했다. 다른 생각은 일절하지 않고 날마다 예습과 복습을 하기도 했고 하루하루를 마음먹고 실천 해 나갔다. 미용기술이 늘지 않고 뜻대로 안 될 때에는 두 번이고 세 번이고 반복 했더니 기술 쌓는 데 슬슬 재미마저 느껴지기 시작했다. 실행을 반복하여 자신감을 갖게 되었다. 지금 하고 있는 기능장 공부도 그렇게 모르는 내용을 새롭게 알아 가는 데 재미를 느끼며 하고 있다.

이렇게 이야기 하는 이유는 나의 직업이 평생을 공부해야 하는 교수임을 감안해 나의 경험을 통해 내가 하고 싶은 이야기는 발상의 전환, 즉 마음을 바꾸는 것은 바로 노력으로 이루어진다는 것을 전하고자 함에 있다. "다음에 해야지" 또는 내일로 일을 미루는 것은 필요 없다. 다음으로 미루는 사람은 절대로 자기발전을 못하는 사람이고 인생에 자기변화를 줄 수 없는 사람이다. 오로지 지금 바로 시간을 아끼고 성실하게 부지런히 생활하는 가운데서만 발상의 전환이 가능한 것이다.

외모의 기초는 역시 내면에 있다. 외모는 타고난 소중한 것이니 잘났든 못났든 우리들은 만족하고 나 아닌 다른 이의 외모 또한 존중하는 태도를 보인다면 아무 문제될 것이 없을 것이다.

시대가 변하면 그에 따라 많은 것이 변화한다. 특히 패션이나 헤어의 유행하는 색상, 상품선택에 대한 기호 등은 물론이고 사회적으로나 학문적인 개념의 해석도 달라질 수 있다.

우선 내면의 변신은 발상의 전환, 즉 지금까지 자기가 가져온 생각을 확 뒤집는 데서부터 출발하는 것이다. 자신의 미래를 위해서 말이다. 직업이 코디네이션 계열의 헤어디자인과 교수이니까, 당연히 내 눈에 보이는 것은 먼저 사람들의 스타일이고 그 다음엔 사람의 마음을 보게된다. 그리고 그 사람을 표현하는 요소들을 보게 된다. 그러나 그 사람의 스타일이란 찢어진 청바지와 비단 옷과 헤어와 메이크업으로만 말하지 않는다. 정서적 배경과 화법, 함께 즐겨 어울리는 주위 사람들, 좋아하는 취미생활과 행동방식과 사고방식, 가치관 등 삶의 거의 모든 영역이 스타일의 구성요소인 것이다.

남자들이 미용실 출입은 기본이 되었다. 아름다움에 대한 여자들의 관심은 동서고금을 막론하고 지대한 것이어서 어떤 철학자는 인류 역사라는 것이 여자의 미에 의해 이룩되고 또 파괴되어 왔다고 말하기도 했다. 아름다운 사람이 일도 잘하고 인생을 즐길 줄도 안다. 그리고 일을 잘하는 사람이 놀기도 잘한다. 따라서 사람들에게 호감을 사는 사람은 마음이 넓고 사소한 일에는 구애받지 않는다. 인생을 제대로 사는 사람은 기분 전환이 빠르고, 스트레스를 풀 줄 알기 때문이다.

갑자기 한 여인이 떠오른다. 40대 중반의 여자이다. 나이를 편안하게 먹어서 그런지 몸매는 두루뭉술하고 언제나 수수한 청바지 차림이다. 간혹 상의가 바뀌기는 하지만 그래도 그녀가 애용하는 것은 검은색 계통의 헐렁한 남방 종류이다. 수수한 청바지 차림에 검은색 잠바나 바바리를 입고 걸어오는 여자를 보면 틀림없이 그녀라고 생각해도 될 정도이다. 예쁜 얼굴은 아니지만 카리스마가 있는 이미지로 아주 멋있는 여자란 느낌이 드는 사람이다. 그녀는 미용의 일에 몰입하면 말수도 별로 없는 편이다. 평소에도 거의 말이 없다. 언뜻 미소가 상당히 안정되어 있다고 느껴지고, 꼭 필요한 말을 자연스럽게 뱉어 내는 말솜씨가 너무도 야무져 보이곤 한다.

이렇듯, 사람의 느낌이란 묘한 것이어서 한순간의 대화에도 상대의 모든 것을 알아 낼 수가 있다. 나는 직업적인 영향도 있겠지만 여성들이 자신의 아름다움을 위해 자신의 외모를 가꾸는 데 열과 성을 다하는 행위에 대해서는 언제나 적극 찬성하는 편이지만 내면의 아름다움을 더 귀하게 여기는 여성을 더 존경하고 사랑한다. 그래서 스타일이란 사람의 내면을 투명하게 보여주는 심리적 태도라 볼 수 있다. 그런 여성을 만나면 마음이 편안해 진다.

예를 들어 일년 내내 단벌신사나 숙녀로 단 한 벌의 옷을 입고 다니더라도 내면의 아름다움을 위해서는 수십 벌의 보이지 않는 옷을 갈아입을 줄 아는 그런 사람이 자신만만한 사람이다. 내면의 아름다움이란 외적인 아름다움보다 훨씬 더 가꾸기가 어려운 법이기 때문이다.

당신과 나를 발전시키는 경청

자기 성장에 도움

카운슬러는 상대방 말의 90% 들어만 줘도 문제해결이 된다고 한다. 미용인들이 특히 주의해야 할 점은 자기주장만 하지 말고 상대가 하는 말부터 먼저 들어 보아야 한다. 그리고 상대방에게 배울 것이 무엇인가를 찾을 줄 알아야 한다. 사심 없이 상대방의 좋은 점만을 바라보고 대하는 태도는 당신의 인간관계도 좋아지게 할 뿐만 아니라 당신의 인생이 업그레이드 된다. 사람은 살면서 누군가 본보기가 있어야 한다고 생각한다. 그 이유는 그래야 그 사람처럼 되겠다는 희망도 품을 수 있기 때문이다. 또 이유는 남의 말에 귀 기울이는 법을 배워야 한다. 우리 미용인들에게 지금 가장 필요한 기술이라면 바로 경청일 것이다. 사람의 마음을 얻는 힘은 달변이 아니다.

경청을 얼마나 잘 하고 있나 알아야 한다. 말하는 것은 지식의 영역이고 듣는 것은 지혜의 영역이다. 어느 정도의 수준에 오른 미용인들 곁에 가보면 공통된 특징이 분명히 있다. 그것은 각자 저마다 자기의 것이 최고인 줄로만 알고 있다는 것이다. 이러한 현상은 잘못된 것이다. 어찌하여 자기의 기술만이 최고란 말인가?

우리는 겸손해야 할 것이다. 말 한마디 실수로 낭패를 보는 일이 허다하기 때문이다. 내 말을 하기에 앞서 상대방의 말을 귀담아 듣는 자세가 정말 필요하다. 그래야만 내 말에 실수가 생기지 않는다. 매우 현명한 자만이 어리석음을 파악할 수 있다. 때로는 무식한 척하는 것이 최상의 지혜가 되는 경우도 있는 법이다. 무식해서는 안 되겠지만 무식한 척하는 법을 알아 둘 필요가 있다.

어리석은 사람에게는 어리석은 사람의 말로 어리석은 척 이야기하는 것이 좋다. 어리석음을 가장하는 자가 어리석은 것이 아니라, 어리석음 때문에 고민하는 자신의 어리석음을 모르는 자가 참으로 어리석은 자이다. 그러기 때문에 자신감을 갖고 있는 것과 잘난 척하는 것 사이에는 큰 차이가 있다.

역경은 진정으로 자신을 비춰 볼 수 있는 거울이기도 하다. 그러므로 역경을 지난 후에는 탄탄대로가 열린다. 탄탄대로가 지나가면 또 다른 자갈길과 역경이 있을 수도 있다. 인생은 그런 것이다. 역경을 지혜롭게 잘 이겨 내어서 내면의 깊이가 있는 것이 당연히 좋은 인생을 사는 것이다. 마음가짐에 따라서 화(禍)와 복(福)이 교차하는 법이다. 사람이 자기의 관심분야에 대해 제각기 자신이 하고 싶은 말만 한다면 절대로 대화는 성립되지 않는다. 회의를 할 때처럼 일정한 주제를 가지고 토론

한다면 별문제가 없겠지만 서로 다른 주제를 가지고 말할 때는 상대방이 말하는 내용을 이해해야만 대화는 순조롭게 풀린다. 그러나 상대방이 나를 무시하거나 일방적으로 자기 이야기만 한다면 대화는 절대로 성립되지 않는다. 말하는 사람은 만족할지 몰라도 상대방은 관심도 없는 내용을 일방적으로 듣게 되므로 그 내용이 귀에 들어오지 않는다.

마음을 비운다는 것은 사실 어려운 일이다. 그러나 겪어 본 사람은 잘 알겠지만 마음 비우기까지의 여러 심리적 반응이라든가 신체적 반응도 대단하다는 것임을 알아야 한다. 즉, 심리적인 상태로는 분노와 우울증이 먼저 오게 된다. 사기가 위축되기도 하고 매사 하는 일마다 의욕이 상실되고는 한다. 그리고 다음은 신체적 반응이다. 신체적 반응으로는 경우에 따라 사람마다 반응이 다르다고는 하지만 나의 경우엔 손등에 물집이 생기고 아랫배에는 가스가 가득 찬다.

그 당시는 자신을 조절 못해 마음의 평정을 갖지 못하는 것이다. 그러나 점점 나이가 들면서 실수를 하거나 마음에 혼란이 왔을 때 금방 마음에 평정을 되찾을 수 있게 된다. 나는 지금은 얼마든지 비우고 채우고 욕심내는 일에 스스로 조절이 가능하다. 아마도 이러한 자기조절이 가능하게 된 것은 많은 경험과 다채로운 체험들로 나를 성장시킬 수 있었기 때문이다. 나이가 많아도 경험이 적으면 결국 젊은 애들로 취급 당하기 마련이다.

마음을 비우고 정성을 다하면 모든 일이 순조롭게 풀리고 뜻을 이룰 수 있다. 마음을 비웠을 때에 비로소 우리는 상대방과 진실을 나눌 수 있다. 경청하는 자세는 사소한 것에도 위대함이 있다는 것을 알아가는 과정이다. 성공은 작은 차이에서 비롯된다. 사소한 것에 고마움을 느끼는 순간 새로운 삶이 시작된다.

우리가 함께 살아가면서 서로를 완전히 이해한다는 것은 불가능한 일이다. 하지만 서로를 최대한 이해하기 위해 노력해야 한다. 그러려면 서로 다른 '마음의 지도'를 잘 알아내어 그 지도의 소유자를 이해하는 것이다. 마음의 지도를 올바로 읽어내는 것이 이해의 시작이다.

겸손하고 낮은 자세 그러나 자신에 대한 확신과 비전, 혼신을 다하는 준비 그 나머지는 섭리에 맡기는 태도가 중요하다. 지금은 당장 작아 보이는 일이 한 사람의 행복을 결정하는 데 큰 역할을 할 수 있다. 억울하면 그때그때마다 해명하고 잘못을 저질렀다면 제때에 반성하는 게 좋다. 그러면 시너지효과가 일어난다. 여기서 사실 중요한 것은 경청이다. 인성 요소가 확립되지 않은 사람은 절대 자기 계발이 힘들다. '경청'은 매우 중요하다. 일부로라도 경청할 수 있어야 한다. 경청만큼 자기를 발전시키는 것은 없다. 경청을 하면 자기 성장에도 도움이 되는 것이다.

우리 미용인들은 상대방의 말을 잘 듣는 기술부터 익혀야 하겠다. 우리 미용인들은 의외로 듣기를 잘 못하고 있기 때문이다.

일탈경험

작은 모험심

특히 우리 미용인에겐 조금 어렵겠지만 가끔 일탈도 필요하다. 휴가를 이용해서 자신만의 건강한 일탈을 꿈꾸고 실천할 줄 알아야 한다는 말이다.

늘 똑같은 미용의 일에서 조금 벗어나보는 것이다. 가령 가을날 날씨가 너무 좋아 노란 나뭇잎이 예쁘고, 파란 하늘이 아름답다는 이유로 산책을 나가기도 하고, 마음이 내키면 당일치기 바닷가 여행을 해도 좋을 것이다.

미용의 일을 열심히 하다가 가끔씩 탈출법을 궁리해보는 것도 미용인의 정신건강에 매우 좋다고 생각한다. 미용 일이 아닌 다른 것으로 우리 미용인들이 만나는 것은 새롭게 자신을 열어줄 수 있는 기회가 되기 때문이다. 이렇게 일상 속에 있는 작은 모험심들이 우리 미용인들도 모르는 사이에 스스로를 진화시킨다.

자신의 영역을 뛰쳐나옴으로써 심리적 혼란과 신체적 기능 저하가 만든 정체성의 고민과 일탈 욕구로부터 우울증까지 겪을 수 있는 것을 해결하는 방법이기도 하다. 미용실에서 손님에게 파마해 줄 때 사용하는 노란색 고무장갑을 생각해보자. 처음에 새 것으로 사용할 때는 그냥 새 것이라는 이유로 기분이 좋다. 또는 매번 블릿치나 파마할 때 자주 사용하던 누렇게 물든 고무장갑이 더 편안할 때가 있다. 여하튼 문제는 일탈을 할 수 있는 마음 비우는 법을 배워야 한다. 스스로가 시간을 안 만들어서 안 되는 것이지 마음만 먹으면 누구나 일탈은 가능하며 이따금씩 미용인들에게 필요한 것이기도 하다. 처음에 시작하기가 어려운 것이지 지금 당장 시작하면 당신도 가능하다. 가끔 일상생활 속에서 벗어나 자기만의 이런 작은 일탈을 할 줄 아는 사람이 인생을 누릴 줄 알고 제대로 사는 사람이다.

그렇지만 일탈의 경험을 할 때 본인과 가족들의 생각을 아는 것이 매우 중요하다. 그것을 알고 나면 어느 정도 일탈의 두려움으로부터 벗어나 안정을 찾을 수 있기 때문이다. 자기 주위에 현명하고 신뢰할 수 있는 상담상대나 지도자, 좋은 친구나 선생이 있으면 많은 도움을 얻을 수 있다.

정체성

자신의 정체성을 깨닫는 일은 매우 중요하다. 지금까지 자신이 가져왔던 습관이나 다른 사람을 흉내 내면서 자신의 정체성을 찾아 내가 어떠한 존재인지 원하는 게 뭔지를 먼저 파악해야 한다. 자기성찰이 꼭 필요한 시점이 사람들에겐 누구나 있다. 나의 경험으로 비춰보면 산에 가서 명상을 하는 게 큰 도움이 되곤 했다.

진짜 자기를 찾는 게 아주 중요한 것 같다. 얼마 전 객관적으로 나를 들여다보기 위해 새벽 2시경에 일어나 생각했던 일에 대해 이야기를 하고자 한다. 그날 밤 나는 과거의 실패에 대한 죄책감에서 벗어나야 한다는 걸 깨달았다. 성공의 조건은 상당히 까다롭기 때문에 죄책감에 시달리게 되면 우리의 인생이 더욱 복잡하게 될 수 있기 때문이다.

미용에서 성공가도를 달리는 사람이라면 권력과 부와 명예를 더 차지하려는 욕심을 부릴 수 있고 그렇지 않을 수도 있다. 그렇지 않은 사람은 더 많은 시간을 가정과 미용의 일에 투자해야 겠다고 결심을 할 수 있다. 성공은 가정과 직장에서의 만족을 동시에 추구하는 과정에 따르는 일종의 결과이지 책임은 아니다. 분명 당신의 행복도 보는 관점에서 달라질 수 있다. 무엇이 행복일까? 일에 있어서의 행복과 가정에 있어서의 행복을 만드시 분리할 필요는 없다.

우리는 자신에게 균형 혹은 불균형이 나타나는 데 대해 스스로 책임져야 하며 삶의 균형을 이루기 위해 적극적으로 생각하고 행동해야 한다.

항상 반듯하고 균형의 상태를 유지한다는 것은 어느 누구에게든 힘이 드는 일이다. 미용의 일도 잘 하는데 가정까지 화목하다면 아주 바람직한 현상이다.

나이와 상관없이 사람을 좋아할 수 있어야 한다. 그 마음이 젊음을 유지해 주며 신선하고 유연한 즐거움이 될 수가 있기 때문이다. 그러니까 다양한 모임을 통해 교제의 폭을 넓히는 것은 미용인 스스로에게도 좋은 현상이다.

자신이 가진 자그마한 능력이나 어떤 감춰진 능력을 그 다양한 모임에서 표출할 수 있어야 한다. 그러면 그곳에서 당신을 알아주는 진정한 만남이 생길 것이다.

어느 모임이고 처음에 만난 장소에서는 늘 자기소개를 하는 시간이 있기 마련이다. 처음 인사를 시작할 때는 재미있는 이야기로 도움이 되는 이야기를 시작하면 좋다. 내가 관심있는 분야는 정신건강과 내적치유나 에니어그램 과정, Team Spirit 그리고 리더십과 코칭리더십, 시간관리 프로파일과 자아로부터의 혁명 등이다.

가능하면 미용의 일이 아닌 분야에 더욱 관심을 가지면 자신의 발전에 매우 좋다.

주위의 불행한 자를 동정하여 상대방의 운명을 당신의 것으로 만들게 되는 실수를 범하지 마라. 자신도 알게 모르게 그렇게 될 때가 있으니 조심해야 한다. 성분의 결함이 있는 것은 아주 쉽게 깨져 버린다. 깨지기 쉬운 교제나 우정은 맺지 말도록 해야 한다.

그리고 말하는 것도 품위가 있어야 한다. 자신이 살아온 인생, 경험, 교양, 인격, 지성이 융화되어 그만이 갖는 독특한 분위기를 말 속에 담아야 한다.

사람은 상대방에 따라서 기분이나 말하는 방법, 태도가 달라진다. 친한 사이일수록 상대방 행동을 예민하게 받아들이기 마련이다. 따라서 친한 사이일수록 예의를 지키는 것이 중요하다. 누군가 항상 웃음을 잃지 않고 밝은 얼굴로 대한다면 당신의 마음도 밝아지지만, 시종일관 불쾌한 듯 비판적인 사람과 대하면 당신도 따라가게 된다고 했다. 어떤 태도를 갖춘다면 그 생각을 지속해야 할 것이다. 세상에는 완벽한 것이란 없듯이 완전무결한 사람도 존재하지 않는다.

아무리 능력이 뛰어난 사람도 모든 일을 혼자서는 해낼 수 없다. 일을 세대로 추진하기 위해서는 역시 주변 사람들의 협력이 필요하다. 자신을 향상시키기 위하여, 또 타인을 자신의 생각대로 움직이기 위하여 솔직해야 한다. 자신의 능력에 솔직하지 못한 채 프라이드만 높은 사람은 가르쳐도 발전하지 못한다. 일이 순조롭게 진행되지 못한다. 자신에게 솔직히 살아가는 일, 이것이 가장 중요하다. 따라서 순수하게 자신의 마음을 확인해 보는 일이 중요하다.

모발이나 복장이라고 하는 외관의 아름다움뿐만 아니라 행동, 말 그리고 센스 있는 아름다움이야말로 미용인으로서 요구되어지는 것이다. 그리고 분노를 터뜨리기보다는 상대방의 기분이 나쁘지 않게 자연스럽게 의사를 표현해야 한다. 여기서도 적절한 때 물러서라는 교훈이 쓸모 있는 것이다.

삶의 향기가 나는 미용인은 여유를 가지고 기다림을 받아 들일 줄 안다. 여유 있는 마음으로 미용 일을 하다보면 능률도 오르게 되고 자신의 일에 대한 만족감이 더욱 커진다.

이것은 젊은이에게 특히 필요한 메시지가 아닌가 여겨진다. 손해를 보는 듯 사는 것이 흑자 인생이다. 당장은 손해 같지만 시간이 가면 반드시 복이 되어 돌아온다. 부부나 친구 사이, 또는 직장 상사나 미용실에서의 동료 사이에도 "내가 좀 못났지"하며 사는 것이 지혜이다. 그러면 서로 얼굴 붉힐 일도 적어지고 마음엔 평화, 얼굴엔 미소가 피어오르게 되어 있다.

사람과 사람이 만나는 경우에는 언제나 갈등이 빚어지기 마련이다. 특히 미용 분야에서 종사하다 보면 더욱이 그러하다. 인생을 즐기기 위해서 온전히 자신들의 매력에만 의지한 채 살아가는 사람들은 이제라도 빨리 자기 점검을 해봐야 한다. 그들은 자신의 모든 권리와 특권을 지속적으로 누리고 싶어 하면서도 행동하고 싶은 것이다. 그러나 그것은 결국 독이 되어 돌아온다.

우리의 삶을 어둡게 만드는 것은 두려움이다. 미용 일을 하는 미용인들은 분명 한번쯤은 이런 두려움의 경험이 있을 것이다. 특히 미용 일이나 다른 목적을 위해 희생시킨 자녀들에게 지나간 시간들을 되돌려줄 수 없고, 너무 바쁘다는 이유로 놓쳐버린 귀중한 인간관계도 회복할 수 없던 것이 가장 큰 두려움이다.

최근에 가정문제 때문에 보름정도를 방황했던 일이 있었다. 나는 아들만 둘 키운다. 전에는 몰랐는데 나이가 들면서 딸이 한 명 정도는 있었으면 좋았을 걸 생각해 본다. 명랑하고 밝은 성격을 가진 아가씨를 나는 며느리로 맞이하기를 희망한다. 나만 빼고 삼부자가 모두 남자이므로 그렇다. 앞으로 며느리를 잘 얻으면 나아질까? 며느리 중 한 명은 미용인으로 맞이하게 되길 원한다. 지금 나의 큰 아들은 ROTC 장교이다. 그런데 큰 아들이 4살의 연상인 미술대 대학생과 사귄다. 이 아가씨는 성격이 무뚝뚝하고 얼굴이 어둡다. 하지만 큰아들은 엄마에게처럼 의지하고 싶은 여자친구가 필요했는지 연상의 여자를 사귀게 된 것 같다. 이제 23살인데 지방에서 객지 생활이 무척 외로웠나 보다 많은 걱정이 된다. 딱 한 번만 보살펴주면 괜찮았을텐데... 그 어떤 무심함 때문에 작은 상처가 못이 된 것 같다. 순수했던 시절로 돌아가 들여다 보면 보이게 될까? 마음 어디를 만져주고, 위로해야 하는지 모르겠다. 속상하다. 상처를 녹이는 최고의 명약이 사랑인데 무조건 야단치고 혼낸다고 능사가 아닌 것 같다. 서울에서 대전까지 출퇴근하면서 기능장 자격증 취득 준비에 바쁘다는 이유로 회복할 수 없는 단계까지 왔다.

큰 아들의 ROTC 입관식 때만 갔다 왔어도 이런 일은 없지 않았을까? 라고 생각해 본다. 사는 게 뭐 그렇지...라고 하면서 스스로 나를 위로 한다. 미용인들의 생활속에서 이런 문제가 어디 하나 둘일까?

이제는 나를 위해 어느 정도 포기 해야지 하면서 고민 중이다. 큰 아들을 이해는 하지만 인정은 못하겠다. 도저히 용납이 안 된다. 고지식하고 보수적인 사고방식을 갖고 있는 내 인생에 첫 일탈로 고속도로를 마구 달렸다. 차 안에 혼자 있다는 사실이 무척 다행이었다. 다른 사람이 없어서 눈치도 볼 필요가 없고, 음악을 크게 틀어 놓고 마구 울었다. 가슴이 저려왔다. 운전대 위에 엎드려 어깨를 들썩이며 울었다. 얼마나 그렇게 흐느껴 울었을까? 그날 내내 나의 마음이 무거웠다.

미용일을 하는 사람들 중에 나와 같은 처지에 놓인 사람들이 꽤 있을 것이다. 일에 매달리다 보니 회복할 수 없는 단계까지 와버린 가족 관계. 그리고 그들을 잃는다는 슬픔과 두려움, 이 책을 읽는 여러분들은 슬기롭게 난관을 극복해 나가길 진심으로 바란다.

미용에도 철학이 있다

3장

최고의 스승은 경험이다

① Tolerance(포용력)

② 인간적인 '여유'

③ 누구나 고통과 실패를 통해서
　인생을 배워간다

준비된 인생을 살아라.

최선을 다해 준비할 뿐

-세익스피어의 인생에 대한 조언-
〈햄릿〉 5막 2장

Tolerance(포용력)

울면서 용서하는 것

인생은 짧고 알아야 할 것은 헤아릴 수도 없이 많다. 따라서 힘들이지 않고 배우며 많은 사람들로부터 지식을 흡수하고 획득하는 것이 상책이라고 할 수 있다. 그래서 마음을 크게 갖고 지혜를 배워야겠다는 생각을 늘 하게 된다. 미용에는 특별한 배려가 필요하다. 우선 시기를 살피지 않으면 안 되겠다. 자신의 재능을 자신이 일부러 무시하는 것이 타인의 호기심을 유발하는 경우도 있다. 무엇인가를 숨긴 채 언뜻 내비치는 것도 좋은 방법 중 하나인데 그렇게 하면 사람들의 보고 싶다는 마음을 자극할 수 있다. 능력의 전부를 한꺼번에 내보이지 말고 조금씩 내보이거나 견본과 같은 것을 얼핏 내보이며 '사실은 이것이 전부가 아니다' 라는 식으로 행동하는 것도 하나의 방법이다.

미용은 인체에 있는 머리카락을 자르거나 파마를 하기도 하고 알록달록 칼라를 넣어 근사하게 변화시키는 일이다. 업스타일로도 조화시켜 짧은 시간 안에 헤어의 미를 창조하는 작업이기 때문에 인체의 퍼포먼스라고 표현들을 하고 있기도 하다. 그러므로 예술적 감각이 뛰어나야 한다. 예술적 감각을 기르기 위해 헤어에 가장 접목하기 쉬운 학문이 가정계열이나 의상학이다. 본인은 석사와 박사를 의상학 학문에 접목을 시켜 공부를 했다. 이렇게 공부하는 것이 적합하다고 생각하며 미력하나마 학생들을 가르칠 때에도 그러한 부분을 알리려고 최선을 다하고 있다. 헤어에 가장 근접한 학문이 가정계열이나 예술대학의 의상학과와 의류학과 또는 미술과이다. 그래서 기존에 미술을 전공하거나 의류학과와 의상학과를 전공하신 분들이 미용대학 헤어디자인과에 교수님으로 많이 재직 중에 계시곤 한다.

때때로 우리는 살면서 큰 행복 큰 변화를 바라고는 그것이 이루어지지 않는다고 괴로워 한다. 그러나 인생의 고통 없이 이루어지는 것이 과연 있을까? 난 없다고 생각한다. 설령 있다 해도 쉽게 이루어지는 것은 금방 없어진다는 법을 너무나 잘 알고 있다. 작은 변화가 조금씩 하나하나 쌓여 점점 큰 변화를 가져온다는 것을 인식하고 있다.

현재 본인은 서울 강남 교보빌딩 근처에 작은 건물 교육원에서 미용 산업체 학생들을 대상으로 대학강의를 하고 있는 산업제 선남교수이기노하다. 대전 본교 학생들을 가르치다 산업체 학생들을 가르쳐 보면 분명히 다른 느낌이 있다.

산업체 학생들은 일주일에 한 번 쉬는 날 수요일만 와서 수업을 한다. 미용의 일을 하면서 공부를 한다는 것은 쉬운 일이 아니다. 그런데도 불구하고 학문에 자신을 기울이고 있다. 이렇게 자기가 기울이고 있는 작은 노력이 언젠가는 마침내 인생의 터닝 포인트를 이루게 된다는 것을 알고 있기 때문이리라 생각한다. 어느 누구에게든지 생각의 전환은 참으로 중요하다. 생각의 변화로부터 운명은 바뀐다. 결국 철학은 삶의 방식을 연구하여 진정으로 나눔의 이치를 아는 사람이 되게 하는 공부 아닐까? 오늘이라는 의미는 과거에 만들어지는 것이다. 즉 오늘은 어제인 과거에 살아왔던 결정이 오늘 보여 지고 있는 것이다. 그래서 현재를 바꾸지 않으면 새로운 오늘이 바뀌지지 않는다. 또 미래는 오늘부터 시작되는 것이다. 그러므로 오늘만을 생각하는 것은 좁은 마음이다. 즉 내일을 생각하는 것은 넓은 마음으로 오늘을 살아야 한다. 미용능력은 물론 학문적인 자질과 능력을 갖춘 우수한 인재가 되기 위해서 자신과 싸워가며 공부하는 산업체 학생들의 모습에서 밝은 내일을 본다.

교육자의 가장 큰 매력이라함은 학생들에게 영향력을 준다는 것이다. 어떤 스승을 만나느냐에 따라 또는 자기 주위에 어떤 사람이 있느냐에 따라 한 사람의 인생은 달라질 수도 있기 때문이다. 그래서 사람은 노는 물이 매우 중요하다. 어떤 물에서 노느냐에 따라 인생은 달라질 수 있다. 우리들의 경험이란 참으로 위대한 것이다. 경험에서 우러나오는 사상이야말로 진실된 것일 수 있다. 바로 이 점에서 최고의 스승은 바로 경험이라고 표현하고 싶은 것이다. 경험만큼은 누구도 빼앗아 갈 수 없는 것임은 분명하다. 지혜로운 사람은 자기 경험이나 남들이 겪은 간접 경험으로나 책을 통해서도 세상의 이치를 파악하며 살아간다. 그런데 우리 젊은 미용인들은 미용이 힘들고 미용기술 배우는 과정이 어렵다고해서 도중하차하는 경우가 종종 있다. 실패했지만 다시 일어서는 경험을 통해 지혜를 배우려하지 않는 안타까운 현상이다.
성공하고 싶은 미용인은 실패를 두려워하지 않아야 한다. 실패하더라도 포기하지 않고 다시 일어설 때 성공은 그만큼 우리 곁에 가까이 다가오게 된다.

미용실 안에서 일하다가 손님을 접대하다 보면 형식적으로 마음에도 없는 빈말을 늘어놓을 때가 있을 수 있다. 진실함이 없는 아름다운 말은 하다보면 자기도 모르게 습관화가 될 수 있기 때문에 스스로 조심해야 한다. 그리고 말 많음을 삼가 해야 할 것이다. 간혹 아는 체 하다가 망신 당하는 경험을 했던 미용인도 있을 것이다. 중요한 것은 모르면 자연스럽게 모른다고 말 할 수 있는 용기가 있어야 한다. 산업체 수업 시간에 학생들에게 자주 그런 이야기를 해 준다. 기술만 교육하면 좋지 못하다. 미용철학이 있어야 한다. 시간은 누구에게나 평등하게 주어진 자본금이라고 한다. 하지만 우리 미용인들은 시간을 생각처럼 그리 자유롭고 맘대로 활용하기가 쉽지 않은 것이 현실이다.

인간적인 '여유'

헤어와 의상, 메이크업은 모두 트랜드가 같다

우리가 살아가는 데 어떤 학문이든지 서로 연결되지 않는 학문은 없다. 미용에서도 "의복은 제2의 피부다"라는 말이 있다. 가령 어느 대학교 4학년 여대생이 졸업을 앞두고 취업을 준비 중에 외모를 갖추기 위해서 미용실을 방문했다고 생각해 보자. 의상을 무척 아름답게 입고 있는데 머리는 부스스하고 피부는 거칠어 있으며 손톱에는 때가 끼어 있다고 볼 때 분명 우리 미용인들은 금방 어디와 어디를 어떻게 손으로 매만져야 한다는 것을 알 수가 있다. 특히 여성의 경우 의상뿐만 아니라 메이크업과 헤어와 피부 관리를 어떻게 했는가에 따라 자기다움을 더 강조할 수 있으며 외모에 대한 긍지를 갖게 되기도 한다. 아름다움의 개념, 가치, 욕구 등이 변화되어지는 사회적 배경과 유행 속에서 미를 창출하는 방향은 헤어와 의상과 메이크업의 트랜드가 모두 같다. 즉 미의 가치를 창조하게 된다는 의미에서 말이다. 또 각자 그 사람이 지니고 있는 현실상황에서 아주 작은 변화로 헤어와 의상, 메이크업의 변신만으로 또 다른 이미지연출이 가능하기 때문이다. 이러한 이미지변신은 자신감을 높이고 긍정적 방향으로 기분의 변화가 연결되어지기도 한다. 현재와 미래는 얼마든지 변화할 수 있다. 우리 미용인들은 사람들을 아름답게 가꿔 주는 역할을 하기 때문에 실제 의사만큼의 역할을 한다고 해석할 수도 있다.

의사와 마찬가지로 미용도 둘로 나눌 수 있다. 첫째는 외부적인 치료(헤어), 두 번째는 내부적 치료이다. 헤어 스타일을 연출하는 것이 외부적 치료에 해당되고, 변화된 헤어 스타일을 보고 심리적으로 안정하게끔 하는 것이 내부적 치료이다. 마치 종합병원의 내과, 외과, 비뇨기과, 정신과에서 환자를 관리하듯이 말이다. 이제 우리 미용이 사회적으로도 그만큼 인정받고 있다는 것을 실감할 수 있다. 생활수준이 향상되고 미에 대한 관심이 높아지면서 남녀노소 많은 사람들이 미용에 많은 신경을 쓰고 있는 현실에서 미용현장에서는 고객들에게 외모에 대한 긍지를 갖도록 해야 할 것이다. 그리고 외모에 열등감으로 자신삼을 잃어 우울증에 빠져 있는 사람에게도 기분의 변화가 이루어질 수 있도록 해야 한다. 미용으로 세상을 바라보는 마음의 창은 아름다움이라는 특정한 방향으로 세상을 행복으로 보도록 이끄는 검열관의 역할도 될 것이다. 그래서 외모가 아름답게 변화된 사람들이 기쁘면 우리 미용인들은 더욱 행복감에 젖게 된다. 뷰티샵에서 머리와 피부 메이크업으로 아름답게 연출된다는 것 자체가 미를 창조하려는 의욕이므로 미용인으로서 남들보다 뛰어난 능력을 인정받았으니 미용인들의 정신건강에도 또한 좋다. 봉사를 하면서 느낄 수 있는 보람이 스스로에게 정신적으로 건강하게 만들기고 하기 때문이다. 반드시 돈만이 사회적으로 봉사하는 것이라고 생각을 안 한다. 물질이 아니더라도 미용기술로 사회에 봉사를 한다는 마음가짐을 갖도록 하자.

미용의 일은 우리 미용인들을 행복하게 하고 풍요롭게 살 수 있는 동기부여(Motive)가 된다. 밝은 생활관을 갖고 여유 있게 살아가는 사람에게는 오랜 세월이 흐르는 동안 어느 순간인지 모르게 훈훈한 분위기가 감돌게 된다. 시간 나는 대로 군부대나 노인정과 고아원 또는 정신병원 혹은 교도소에 가서 봉사하는 자세가 절실히 필요하다.

지금으로부터 8년 전쯤에 있었던 이야기이다. 충남 아산에 있는 모 정신병원에 5년가량 봉사 다닌 적이 있었다. 처음에는 미용실을 운영하는 선배님을 따라 다녔다. 그저 아무 생각 없이 미용선배가 같이 하자고 해서 미용실 일을 마치고 몇 번 함께 정신병원에 가서 환자들의 머리를 잘라 주곤 했었다. 몇 번을 그렇게 했을 무렵 어느 날 환자 중에 젊은 20대 초반의 얼굴이 무척 예쁘게 생긴 아가씨와 친하게 대화를 나눈 적이 있었다. 그 젊은 아가씨는 정신질환이 있어서 입원한 것이 아니라 순전히 가족과의 갈등관계로 인한 환자였다. 긴 생머리를 잘라 주었더니 기분이 좋아졌다면서 내게 과자 한 봉지를 건네준 계기로 자연스럽게 친해질 수 있었다.

이런 작은 계기가 바로 행복한 미용인이 되게 하는 힘이다. 미용 일로 '돈벌이' 나 또는 '출세'를 한다면 더욱 좋겠지만 주위사람들을 아름답게 해줄 수 있다는 것만으로도 우리 미용인들의 삶으로부터 얻어내는 결과물은 결정적으로 달라진다. 뭔가 사회에 작게나마 미용 일로 행복한 삶을 산다는 것은 자명한 일이다.

봉사는 스스로가 가슴 뿌듯함을 느끼게 하는 것이고 결국 자기 행복인 것이다. 남들은 돈으로 봉사할 때 미용인들은 재능으로 봉사가 가능하니까 늘 감사하는 마음이 저절로 생길 수 있다. 여하튼 개인의 이익을 따질 것이 아니라 미용기술로의 발전과 봉사로 자신의 가치와 미용의 길에 일치하는 것에 바탕을 둔 의미 있는 목표를 가져 보자는 의미이다. 그리고 무언가 어려운 점을 극복하고 성실하게 만들어 가는 사람을 보면 감동을 받는다. 그래서 자기 자신을 믿고 지금 보다 한 걸음 더 내딛는 자세는 매우 중요하다. 그래야 삶의 의미가 달라질 수 있다.

미용인생의 방향을 볼 줄 아는 사람은 미용의 위치를 보는 사람보다 훨씬 크고 강하다.

자신의 기호를 전혀 무시하고 단지 유행하는 옷이라는 이유만으로 유행을 쫓는 사람이 있다. 이런 사람은 마음 밑바닥에 항시 고독감이 자리 잡고 있으며 정서적으로도 불안한 경우가 많다. 반대로 유행에 대해서 전혀 무감각한 사람은 개성이 강한 타입이라고 할 수 있다. 옷을 통해서 상대방의 심리를 판단할 때에 주요한 단서가 되는 것들 가운데 하나는 복장의 변화이다.

옷에 그 사람의 기호가 반영됨은 당연한 것이다. 스타일이나 색조 또는 무늬에 대한 기호가 개중에는 만날 때마다 그 기호가 달라져서 전혀 감을 잡을 수 없는 차림새를 하는 사람이 있다. 이런 사람은 정서가 불안한 사람이라고 보면 된다. 또는 단조로운 일에서 해방되어 변화가 있는 생활을 즐기고 싶다는 현실도피의 원망이 표현된 것으로 볼 수 있다.

새로운 결의를 자신의 심리에 품고 있는 경우 언제나 변함없이 정장을 하던 사람이 어느 날 화려한 재킷에 꽃 무늬 등 넥타이까지 한다. 이런 사람은 반드시라고 해도 좋을 만큼 물리적이든 정신적이든 마음속에 무엇인가 지금까지의 생각에 자극을 주는 변화가 일어난 것이다.

외모가 얼마나 큰 영향을 미치는지 절실하게 느껴지는 때가 많이 있다. 특히 요즘 같은 세상에는 밥은 안 먹어도 파마나 커트, 화장품이나 이쁜 옷을 사는 경우를 흔하게 볼 수 있다. 남성들도 다른 사람들 마음에 들기 위해서 옷을 골라 입고 나선다. 이런 남성들은 감정의 교양이 있는 사람으로 자신을 매력적으로 풍부하게 표현할 줄 아는 사람이다.

분위기란 인간 전체의 표현이어서 많은 요인들의 조화에서 이루어진다. 남성이든 여성이든 패션에 예민한 사람은 길을 걷다가도 눈에 들어오는 패션이 있으면 바로 확인한다. 분위기는 얼굴은 물론이고 표정이나 몸매 등 외양과 함께 내면세계의 총화로 이루어진다.

옷을 입는 기호가 갑자기 바뀌는 것은 심경의 변화 또는 새로운 결의를 품고 있는 경우가 많다. 헤어의 심리와 비슷하다고 볼 수 있다. 헤어스타일은 우리 신체 부위에서 가장 눈에 잘 띄는 부분이다. 짧게 하거나 길게 하거나 또는 염색을 하거나 파마로 변화를 주어 개성을 연출하기 쉽다. 그런 만큼 헤어스타일은 그 사람의 성격이나 심리 상태를 잘 나타내 준다. 어떤 사람은 늘 패션 잡지 등을 보고 연구하여 유행하는 헤어스타일을 따라하는데 그런 사람은 환경에 적응하는 능력이 뛰어나다고 볼 수 있다. 자기를 꾸미고 이미지를 돋보이게 해주는 옷은 단순한 방어의 역할을 넘어 자신이 원하는 모습을 연출하는 데 없어서는 안될 필수 도구인 셈이다. 따라서 패션이나 헤어 센스는 사람이 주위 사람들에게 보여주고 싶은 자신의 이상적인 모습이 반영된 것이라고 할 수 있다. 심리적으로 보면 그 모습 뒤에 진정한 자기모습이 감춰져 있는 것이라고 해석할 수 있다.

화려한 옷을 입으면 마음까지 설레고 들떠서 즐거워진다고도 한다. 입고 있는 옷이나 소지품을 보면 그 순간의 심리 상태나 감정까지 추측할 수 있다. 머리를 핑크빛으로 물들이고 빨강, 파랑, 노랑 등의 원색을 넘치도록 사용해 화려하기 짝이 없는 패션으로 온몸을 휘감은 여성이나 요즘 젊은이들 사이에서는 흔히 볼 수 있는 모습이지만 이런 패션을 한 사람에 대해 우리는 색안경을 끼고 본다. 하지만 그것은 어디까지나 그 사람이 원하는 이상적인 자기 모습일 뿐이다. 때로는 중년의 여자가 반짝반짝 화려하게 걸치장한 모습으로 거리를 활보하는 모습을 보곤하는데, 그것은 젊은 아가씨에게나 어울릴법한 패션을 따라하면서 아직 젊은 자신을 연출해보고 싶은 요구의 반영이다. 그 마음 저편에는 늙어가는 자신에 대한 불안과 쓸쓸함이 묵직하게 가라앉아 있을 것이 분명하다. 유행에 민감한 사람은 싫증을 잘 내는 성격이다. 그렇지 않으면 새로운 것이 나올 수가 없다.

지식은 실천할 때 빛이 나는 법이다. 나는 대부분이 생각과 행동이 동시에 실행되는 사람에 속한다. 그래서 손해볼 때보다 이익을 보는 편이 많다. 의상학 박사 공부시절 의상심리 수업이 있었다. 의상심리 강의에서 배운 내용인데, 누구나 정장을 입었을 때는 걸음걸이가 반듯해지는 반면 옷차림이 흐트러지면 아무렇게나 걷게 되는 경험을 하게 된다고 한다. 이처럼 걸음걸이는 옷차림만으로도 어렵지 않게 바로 잡을 수 있다. 그리고 밝은 표정과 또렷또렷한 눈빛, 청결함 그리고 정감 있는 말투와 올바른 자세는 노력으로 만들어지는 것이다. 아름다움을 만드는 데 기초라고 할 수 있는 이러한 것들은 스스로 노력해서 기초가 튼튼하지 않으면 안 된다.

그리고 말은 그 사람의 얼굴이며 품성이라고 본다. 한 번 내뱉은 말은 다시 주어 담을 수 없다. 그래서 말은 신중히 조심해서 아껴가며 해야 한다. 패션 또는 헤어디자이너들은 끊임없이 과거에서 영감을 얻는다. 원래 패션은 돌고 돌기 때문이다. 헤어스타일과 메이크업, 의상은 자기를 표현하는 데 매우 중요한 3가지 요소이다. 그래서 의상과 헤어는 트렌드가 반드시 같다. 옷차림의 중요성이야말로 두말할 나위도 없다. 오죽하면 옷이 날개라는 말도 있지 않은가.

사람들은 왜 옷을 입는가? 사람들은 왜 새 옷을 입고 싶어 하는가? 사람들이 입는 의복의 스타일은 왜 각양각색인가? 우리가 살고 있는 이 사회에서 우리의 지위, 관심, 태도, 가치관은 옷을 입는 데에 어떠한 영향을 미치게 되는가? 심리학자들은 일반적으로 이러한 행동의 동기화(motivation)를 광범위한 욕구에 의해서 이루어진다고 설명하고 있다. 행동의 동기화란 심리학 분야에서 가장 기초적인 문제 중의 하나이다. 그러나 이것은 매우 복잡하고 증명하기가 힘들기 때문에 심리학 발달의 초창기부터 활발히 연구되어 왔음에도 불구하고 누구에게나 쉽고 당연하게 받아들여질 수 있는 이론이 정립되어 있지 않다. 그러므로 이 분야에 있어서 견해의 차이는 매우 심하다고 할 수 있다. "동기화란 동기의 본능을 강조하는 설명으로부터 환경적 조건을 중요시하는 입장에 이르기까지 또는 심리학적인 해설에서 외부적인 요인이나 무의식 세계에 역점을 두는 데 이르기까지 거의 모든 범위를 포함하기 때문이다" 라고 의상심리학에서도 밝히고 있다. 그런데 아무리 타고난 미모도 가꾸지 않으면 그 빛을 보지 못한다. 헤어로 인한 이미지 창출은 커다란 비중을 차지하기도 한다. 늘 새로운 것을 갈망하는 디자이너들의 미용 패션은 마음에서 나오는 것이기도 하다. 그래서 우리 미용인들은 선입관을 버려야 한다. 계속적으로 변화하고 주기성이 있다는 것이 특징이기 때문이다.

헤어스타일에서든 메이크업과 의상과 마찬가지로 헤어스타일의 유행은 시작하는 사람과 따르는 사람이 있게 마련이기 때문에, 사람들에게는 자기가 부러워하고 그렇게 되기를 원하는 사람의 스타일을 모방하고 싶어한다. 자연적으로 변화하는 것이 유행이라서 새로운 유행은 유명한 디자이너나 유행관련 미용정보지, 유행전문지, 미용신문, TV 등에서 만들어지기도 하지만 결국은 많은 사람들에 의해서 받아들여질 때 유행된다. 옷이든 헤어든 비싸다고 다 좋은 것은 아니다. 오히려 값보다는 자신에게 맞는 칼라와 디자인이 가장 중요한 요소이다. 평소에 비싸지 않은 옷이나 헤어스타일이라 해도 칼라와 디자인을 다양하게 매치시켜 개성 있는 멋을 창출 해내는 사람이 진짜 멋쟁이인 것이다. 의상은 멋있는데 헤어가 근사하지 않으면 조화가 맞지 않아 미관상 좋지 못하다.

자기를 표현하는 데 매우 중요한 3가지 요소 중 하나인 메이크업에서는 다른 사람의 얼굴을 볼 때 사람들이 제일 먼저 보는 것은 무엇일까를 따져보았는데 통계에 의하면 바로 피부라고 한다. 그러므로 피부 관리는 소홀히 한 채 파운데이션을 두껍게 바르고 색조 화장을 지나치게 요란하게 하는 것은 올바른 화장법이 아니다. 다시 말하면 메이크업, 의상, 헤어의 요소를 통해 외모의 아름다움들 관리하는 동시에 내면의 미를 높이기 위해 미용 상담과 내면의 향기를 높여 줄 수 있는 교양 강좌 등 각종 프로그램을 제공하는 미용실이 생긴다면 최고 토탈 뷰티샵이 될 것이다.

지금 당장은 힘들겠지만 소중한 우리 미용발전을 위해서 더불어 잘 되게 관심을 기울여 주는 것도 매우 중요할 것이다. 우선 우리 미용인들은 자기 자신과 남에 대해서 항상 관대하고, 웃음과 부드러운 마음을 늘 갖도록 하고 새로운 재능이나 능력과 함께 경험이 추가되어야 한다. 새로운 내용을 추가하기 위해 우리는 기본을 생명처럼 여겨야 한다. 모든 것은 기본을 거쳐야 한다. 너무 많은 생각들이 기본을 망가뜨려 때론 사람들의 오버하는 사고가 터지기도 한다. 기본에 충실하다보면 어느 분야이든지간에 해답을 얻을 수 있다. 기본의 요소는 절대로 안 바뀐다. 우리는 기본 요소가 무엇인지를 알아야 한다.

미용분야에서 잘 적응하는가? 미용도 배우려는 마음만 있으면 하찮은 일로부터 배울 수 있다(기본에 충실한 미용인은 빨리 발전할 수 있기 때문이다). 가장 핵심적으로 지켜야 할 것이 무엇인가? 새롭게 만드는 것이 아니라 결국은 가장 기본은 같다는 것이다. 지식은 기본일 뿐이다. 그 바탕엔 인성이라는 요소가 있어야 한다. 즉 인성을 키워야 한다. 감정은 진실해야 힘이 있듯이 말이다. 성공한 미용인들 중에는 내공이 구축된 사람들이 많았으면 좋겠다. 물론 모든 사회조직에서 원하는 것이 마찬가지이지만 학벌(좋은 대학)이 아니다. 또 무조건 자기가 혼자 잘났고 자기 의견이 최고이고 자기 기획력이 최고인줄로만 내세우는 것도 아니다. 그것은 무례한 태도이며 부끄러운 일이기도 하다.

말 그대로 우린 인간이 됐나를 먼저 생각해야 한다. 남을 배려하고 희생할 줄 알아야 한다는 말이다. 말없이 화합하는 역할이 필요하다. 공동생활에서 혼자 잘난 척하면 안 된다. 우리 미용인에게 필요한 진정한 기본의 첫째는 배려문화이다. 자기주장을 갖고 상대의 잘못을 전면적으로 비난하게 되는 경우 서로 정면충돌하게 된다. 좋은 인간관계란 일상의 일이 효율적으로 부드럽게 수행할 수 있는 사람과 사람과의 관계라고 하는 것이다. 사이 좋다는 것은 좋은 일 아닌가? 상사나 선배로부터 꾸짖음을 받을 때도 선의로 받아들이는 마음의 여유를 갖자.

둘째는 자기 목소리 안 키우기이다. 자기기술만 최고라고 떠들뿐 수용하는 자세가 부족하다. 어느 날 미용인들만 교육받는 장소였다. 강의하시는 분은 미용인이 아닌 분이었다. 교육하는 방법과 교사의 역할에 대해 설명을 하고 계셨다. 수업을 받고 있는 대상자들은 모두 미용인이었다. 거기에는 미용대학교수, 미용기능장과 미용고등학교 선생님, 미용학원교사와 여성복지기관에서 오신 미용강사들이 있었다. 강의하시는 분만 빼고 듣는 사람들은 모두가 미용인들이었기 때문에 강사는 수업 중에도 예를 들 때 미용을 비유해서 강의를 진행하는 모습이 무척 인상적이었다.

셋째는 기본을 강조하는 것이다. 일의 기본을 바르게 서로 이해하고 그 기본에 입각해서 사람이나 자신을 판단해야만 불필요한 트러블을 방지할 수 있다. 소위 기본이 깨졌을 때 감정은 이성에 우선해서 우리들의 언동을 좌지우지한다. 이 때문에 지식만에 의존하는 것으로는 불충분하다. 그래서 기본을 무시하면 결과가 반드시 좋지 못하다.

여하튼 제일 중요한 것은 '인간성'이다. 그래서 인간관계가 잘 되어야 한다.

결코 모두가 모든 사람과 사이좋게 지낼 수만은 없다. 특히 언어의 사용방법으로도 인간관계가 변한다. 부부관계에서도 그렇다. 성격이 다르고 각각 다르고 해서 인간관계는 무척 어려운 것이다. 그러므로 서로 한 걸음 뒤로 물러나 타협할 필요성이 있다. 어느 쪽이나 동등하게 소중하기 때문이다. 자신은 지금 어떤 사람인가?

많은 생각을 하는 시간이 되길 바란다. 교육자는 지식의 전달보다 올바른 인간을 만드는 것이 기본이다. 처음에 순수하게 상대에게 다가가서 열정을 쏟는다면 사랑하는 사람의 마음을 얻을 수 있듯이 많은 경험과 다채로운 체험으로 순수하게 시작해서 열정을 쏟는다면 반드시 성공하리라 믿는다.

사람들은 의식하든 의식하지 않든 간에 자신이 선택한 목표를 향해 움직이기 때문에 선택하는 의지에 달렸다. 누군가 남과의 사이에 진정한 관계를 원한다면 사람들의 속성인 다면적인 모습과 모순을 이해할 필요가 있다. 때론 자기 속에 자기가 싫어하는 모습이 그대로 남아 있는 것을 알고 스스로 절망할 때도 많다.

그러나 자기의 진정성을 위해 자기 성찰의 시간을 스스로 가져 보고 그 성찰의 시간을 거쳐 인격적으로 성숙을 이루기 위해 노력할 때 우리들은 다양한 것들을 얻을 수 있을 것이다.

누구나 고통과 실패를 통해서
인생을 배워간다

실수를 두려워하면 발전도 전진도 없다

어느 분야에서든지 10년 이상 공부를 하면 그 분야에서 전문가가 된다. 우리 미용의 길에서 미용기술 역시 오랜 인내력으로 노력과 시간을 투자하고 나면 그 뒤에는 경제적 사회적으로 안성이 된다. 그리고 긴 시간 동안 어려운 공부와 희생을 치러서 박사가 된다는 사실은 부와 지위 같은 사회적 보상을 받는 이유 중 하나일 것이다. 이러한 과정들은 참으로 인간승리의 아름다운 이야기이다. 스스로 고통과 실패를 통해서 인생을 배워 성공했기 때문이다. 그리고 우리 미용의 길도 그렇다. 시간전망이 가장 중요한 가치이다. 긴 시간 동안 꾸준히 자신을 갈고 닦으며 한계에 도전해야 하고 끊임없는 열정이 있어야만 경지에 이를 수 있기 때문이다. 많은 인내를 요구하는 미용의 직업도 긴 시간 동안 희생을 치러야만이 된다는 점에서 존경스럽다. 이 세상에 살아가면서 실수와 실패 또는 고통 등은 희망의 다른 말이다. 미용에서 성공하고자 많은 시간과 노력을 투자해 온 사람들은 알 것이다. 그리고 미용인 또는 기능장자격증 취득에 실패를 맛본 사람들도 알고 있을 것이다. 미용 기술은 반복 연습할 때에 고통과 자신감을 얻고 유지하게 된다. 어떤 사람이 성공한 사람인가? 라고 물으면 흔히 출세한 사람이라고 말하는데 그러면 어떤 사람이 출세한 것인가? 출세란 어떤 과정의 성공이 계속 누적되어 그 결과로 나타난 현상이다. 돈이 모여 재산이 많아지면 눈에 띄게 되니 미용에서 출세한 것이라고 할 수 있다. 또 열심히 일해서 미용의 일에 인정받아 그 조직에서 남보다 눈에 띄면 출세한 것이라고도 할 수 있다. 그러나 사회는 개인마다 살아가는 방법이나 내용이 다양하다. 미용의 길에도 서로 방향이 다양하고 돈을 버는 방법도 다양하다.

미용의 꿈과 실패, 희망 그리고 두려움과 성공 등을 통해 경험하는 것은 끊임없이 성공하는 미용인 탄생의 과정이다. 이것은 절대 노력과 인내라는 조건이 없으면 주어지지 않는 것이다. 미용의 길에서는 조건도 다양하며 경우에 따라서는 혹독한 대가를 치르게 하는 것도 많다.
미용인생 여정에서 성공하는 미용인이 되기 위해서는 하루하루의 삶이 가져다주는 혼란을 통해 변화하고 강해져야만 한다. 이러한 혼란은 모험일 수도 있고 악몽일 수도 있다. 하지만 어려움을 무릅 쓰고 미용으로 인생을 배우고자 한다면, 어떤 어려움도 더 이상 미용의 인생길에서 우리들을 좌지우지하지 못할 것이다.

고난과 역경을 미용의 일로 이겨낸 사람들을 주위에서 볼 수 있다. 미용 또는 이용의 일을 시작으로 인생에 있어 지금까지 살아온 것이 정말 다행이라고 느끼고 사는 미용인들도 많다. 그렇지만 언제든 미용의 승자가 될 수 있는 과정과 미용실에서 뛰어난 재능만이 미용인생의 전부는 아닌 것이다.

그래서 우리 미용인들은 인생의 방향을 볼 줄 알아야 한다. 미용의 위치를 보는 사람은 훨씬 크고 강하다. 미용인생의 방향을 볼 줄 아는 사람은 어떠한 자기 변화에도 현재의 고난을 인내할 줄 알 뿐만 아니라 상황을 자신에게 유리하게 해석할 줄 안다. 그래서 늘 문제의식이 있고 그 문제의식을 멈추지 않음으로써 다채로운 체험과 생각을 통해 많은 것을 배우기도 한다.

우리들은 실수를 하면서 살아가게 되는데 그 실수와 실패를 있는 그대로 받아들일 줄 알아야 할 것이다. 실수를 있는 그대로 수용하는 사람만이 자신의 존재를 받아들이고 힘차게 자신 있게 살아갈 수 있다. 당연한 말이지만 미용의 꿈이 있는 사람은 미용의 꿈이 없는 사람을 절대로 본받으려 하지 않는다. 그리고 마음속으로 자기만의 본보기가 되는 모델을 갖고 있다. 이제 마음의 로드맵을 그려보자. 그리고 굳어진 부정적습관을 중단하도록 노력하자.

삶을 현명하게 이끌어 나가기란 쉬운 일이 아니지만 어쨌든 자신의 삶을 꾸려 나갈 수 있는 올바른 방법을 찾아내야 한다. 굳어진 나쁜 습관을 중단하기 위해서는 그 나쁜 습관이 긍정적으로 작용했는지 아니면 자신과 타인에게 다른 능력들을 원활하게 발휘하는 것을 혹시나 방해하지는 않았는지, 또는 다른 사람들에게 피해를 끼쳤는지를 파악해야 한다.

인생은 자기가 믿는 대로 펼쳐진다는 사실을 실감하게 될 것이다. 누구에게나 인생의 고비가 있다. 미용인 중 지금 힘들고 어려운 사람이 있다면 인내하라. 성공에 대한 강한 신념을 가지고 참고 포기만 하지 않는다면 반드시 성공할 것이다. 누구나 고통스러울 때가 있다. 헤어기술을 배우는 과정을 단계별로 생각해 보면 미용초보(어시스턴트), 중급(주니어), 중상(주니어스타일리스트), 기술자(스타일리스트), 경영자급(톱스타일리스트)이 되기까지의 부딪히게 되는 어려움으로 포기하고 싶은 심정이 들겠지만 성장통이려니 여겨라.

이런 발달과정은 우리들의 인생행로에서 젊은 사람이든 중년이든 노인이든 모두에게 나름대로 은밀하게 감추어져 있다. 사람의 발달엔 일정한 원리가 있지만 개인적인 차이가 있으며 발달 속도도 다를 것이다. 마치 미용의 성장 과정이 그대로 인생 성장의 고백처럼 아픔의 자국을 드러내기도 한다. 이미 미용으로 성공한 사람들은 현재의 삶 속에서 타인에게 거목처럼 보이겠지만 그 안에 새겨진 아픔과 고통, 불안과 분노, 좌절 마디마디를 담고 있을 것이다.

아무리 힘들어도 미용생활에서 얻을 수 있는 마음의 평화와 기쁨은 나름대로 있다. 그래서 어떤 상태에 있든 바로 정신적인 태도에 성패가 달려 있다. 최대 영광은 한 번도 실패하지 않는 것이 아니라 실패해서 넘어질 때마다 아무리 어렵고 슬퍼도 끈기 있게 노력함으로써 꿈에 다가서는 것이다.

반드시 '해야 한다'는 강박관념에 잡혀 사는 미용인은 대개 자신의 삶을 즐겁고 풍요롭게 하기 위함이 아니다. 그저 남들에게 뒤쳐지지 않거나 절대적인 세력을 가지고 남을 압도하려는 심리가 크다.

물론 마음속에 목표를 가지고 사는 것은 행복한 삶을 사는 데 중요한 일이다. 값진 젊음과 시간을 허비하지 않도록 하고 인생을 살면서 지혜를 아는 미용인이 되자. 성공한 사람들은 힘들며 고독할 수밖에 없다. 그렇다고 해서 외로움을 아무나 함께 해서는 안 된다. 자칫 엉뚱한 불행으로 이어질 수 있으므로 항상 조심해야 한다. 혼자라고 느끼는 시간을 관리할 줄 아는 것이 '자기 관리'이다. 혼자만의 시간이 오히려 자기 성장의 희망일 수 있다.

사람들은 누구나 자기에게 주어진 인생을 보다 풍요롭고 의미 있게 살기를 원한다. 혼자서는 넘기 어려운 고통과 고독의 시기가 있다. 많이 힘들지만 도망가려 하지 말고 지금의 현실을 받아들이자. 실패가 사람을 강하게 만들기 때문이다. 또한 때를 잘 이용해야 한다. 기술이든 돈이든 모자라면 남을 빌려서라도 활용할 줄 알아야 한다. IMF시절 한 상가 건물 주인이 한 달에 두 번씩 바뀌는 경우도 있고, 한 푼도 못 받아 거지가 된 사람, 가정불화로 이혼한 사람 등등 사회적으로 모두가 힘들었던 시절이었다. 세상은 전혀 나의 의지와는 상관없이 이루어질 때가 있다. 미용시장도 만만치 않았다. 나 역시 미용실 상가 전세비는 받지 못해서 그야말로 세상이 싫어져 자신을 포기하고 싶을 때도 있었다. IMF의 한파 때 그 당시엔 자기가 예기치 못하고 원치 않는 그런 상황에 처했던 사람들이 많았다.

그땐 사회현상이 그러했다. 우리나라가 모두 힘들어했던 시절이었다. 인생은 예측불허라 했다. 정말 알 수 없는 게 인생 같다. 실패는 언제나 그렇게 우리 주변에 있을 수 있다. 살다 보면 뭔 일은 없겠는가? 그래서 지금까지의 실수한 모습도 나의 모습임을 인정하고 스스로를 사랑하기로 결심했다. 이런 긍정적인 마음가짐 일때에야 실패조차 요긴하게 쓰일 것이다. 우리는 그것을 명심해야 한다. 그 실패와 많은 시행착오들은 고통스럽지만 한편으로는 내게 많은 가능성을 남겨 주곤 한다. 냉정한 판단과 결단을 할 수 있었던 용기는 시행착오를 극복한 정신력에서 나온 것이었다. 미래를 알 수 없으나 시도해 본다는 것은 내게 커다란 의미 있는 일이었다.

IMF시절 그 어려운 상황에서 난 대학원을 진학했다. 그것도 남편 모르게 말이다. 나의 인생역전의 순간이었다. 그런데 살면서 겪게 되는 인생 역전 중 하나는 사람을 많이 만나는 것이라고 생각한다. 사람은 정보와 같다. 만나서 교류하다 보면 시대의 흐름을 감지할 수 있다. 시대의 흐름을 읽은 사람은 시시각각 변할 줄도 알게 된다.

사는 게 참으로 살만하다고 느껴지는 것은 자기도 모르게 베풀고 또는 알면서 거둔다는 것이다. IMF시절에 내게 작은 도움을 받았던 사람에게 우연히 어느 대학교 구내 미용실을 아주 싼 가격에 운영할 수 있게 내게 소개를 해 주었던 일이 있었다. 예측불허인 우리의 삶이 인간관계에서 이루어짐을 알게 했다. 이러한 것도 인생 공부에 도움이 되는 것이라고 본다.

어려움을 겪으면서 자기도 모르는 사이에 강해진다는 것을 잊어서는 안 된다. 시련과 역경을 이긴 사람은 어떤 어려움도 이길 수 있는 패기가 생긴다. 기회란 정말이지 찾으려고만 하면 기어이 오고야 마는 법 같다. 낙심하고 비통해 하고 실망하는 것이야말로 자기 인생을 창조하고 전진시키는 사람의 에너지 원천인 것이다. 그 숱한 어려운 시절 사회현상에 동요되지 않고 주어진 환경에서 최선을 다 했다. 망가지고 사는 것은 바람직하지 못하기 때문이다. 어쩌면 불안이라는 것은 우리가 살아가는 데에 필수적인 것일 수 있다. 불안때문에 배워야 한다는 강한 지식욕과 용감한 시도를 하게 되고 그것이 우리를 성공으로 이끈다고 생각한다. 여하튼 뜨거운 열정만이 삶의 내용을 바꿔 놓는다. 열정을 갖기 위해서는 남으로부터 떨어져 자기 자신을 만나고 자기를 이해하는 훈련이 필요하다. 그리고 삶의 방향키를 과감히 돌릴 줄도 알아야 한다. 소홀히 했던 일을 찾아보고 절망 속에서 강한 정신을 싹 트도록 하는 것이 매우 중요하다. 그리고 자기 자신을 사랑하면 뭔가 보인다. 그렇게 되면 자신이 변해 간다는 사실을 실감하게 될 것이다. 고난의 시간이 지나서야 비로소 행복이 있다는 것을 알게 되므로 지금 많이 힘들더라도 잘 참고 견디면 반드시 좋은 날이 올 것이라고 말해 주고 싶다. 그러므로 자신을 사랑하라.

인생살이도 우리 미용의 길과 다를 바가 하나도 없다고 생각한다. 사신을 보는 훈련에는 자기를 사랑할 줄 아는 마음이 필요하다. 우리가 머리를 감지도 않고 며칠을 견디다보면 머리에서 냄새도 날것이며 머리 모양새는 마냥 제멋대로 일 것은 분명하다. 그러하듯 인생도 우리들의 머리 가꾸기와 다를 게 뭐 있겠는가? 인생을 스스로 잘 가꾸지 않으면 진흙물통 속에 빠질 수도 있고 나태하게 살게 되어 자신의 삶을 멋있게 살 수 없을 것이다.

그래서 지혜로운 삶의 선택은 자기 스스로 만드는 것이다. 행복이든 사랑이든 그 무엇이든 말이다. 있는 그대로의 자신을 받아들여야 자기를 사랑하는 것이다. 그러므로 살면서 다른 이에게 삶의 영향을 받고 싶지 않은 사람과 매사에 모든 일을 미루려고만 하는 사람은 자기 자신을 볼 줄 알아야만 한다. 자기 계발에 태만한 사람은 미용 기술쪽에서는 절대로 성공할 수가 없음을 알 것이다. 그래서 우리는 나 자신을 자랑스럽게 생각하도록 노력해야 한다. 그리고 자기 자신이 실수를 해도 받아주는 자기가 삶을 즐길 수 있음을 알아야 한다. 우리나라에서는 즐긴다는 느낌의 단어가 이상하게 어느 날 안 좋은 이미지로 통하고 있는데, 그런 해석이 아니라 좋은 쪽으로 생각하기 바란다. 인생을 누린다는 의미에서 말이다.

미용인 여러분들이 이 책을 통해 자신의 고민을 생생하게 떠올리고 스스로에게 질문을 해서 그 해답을 찾는다면 자기를 사랑하게 될 것이다. 지혜로운 자라면 자신의 단점을 받아들여야 발전이 있다는 사실을 알아야 한다.

약간의 열등의식은 자기 발전에 도움이 된다. 나의 경우 그런 열등의식(콤플렉스)이 평범한 삶을 살던 내가 미용인도 될 수 있었고 대학교수도 박사도 만들게 했던 것이다. 약간의 열등의식은 자기발전에 필요하기도 하다. 아무리 잘 해내더라도 언제나 스스로 결점을 찾아내도록 채찍질하기 때문이다. 자신의 동기를 알고 잘못된 점을 인정함으로써 자신의 진짜 모습을 알 수 있게 되고, 그 결과 진정한 겸손의 의미를 알게 되곤 할 것이다. 인생의 성패와 상관없이 자기가 소중한 존재임을 알고 자기를 사랑해야 할 것이다. 항상 자기도 실패 할 수 있는 사람이란 걸 알아야 된다는 것이다.

고통스럽더라도 자신감을 가져야 한다. 두려움에는 두 가지가 있다. 하나는 보이지 않는 신에 대한 두려움이고 다른 하나는 자신에 대한 두려움이다. 지나친 두려움은 행동하지 못하게 만들고, 지나친 자신감은 우리가 극복해야 할 위험들을 생각하지 않게 한다. 두려움과 자신감은 마치 두 자매처럼 함께 가야 한다. 우리 자신이 지나치게 두려움에 싸일 때는 자신감을 가지도록 노력해야 하며, 지나치게 자신감으로 차 있을 때에는 다소 소심해지도록 해야 한다. "인생이라는 경주에서는 가장 빠른 자가 이기는 것이 아니라 실패한 그 자리에서 가장 빨리 일어나는 자가 승리한다"라고 했다. 우리 미용인이 처음 머리 커트기술을 배울 때 얼마나 많은 실수와 반복으로 훈련되어 배워 왔는지를 우리 미용인들은 너무나 잘 알고 있을 것이다. 많은 시행착오의 과정으로 성장해 왔듯이 우리들의 인생 역시 그러하리라 생각되어 진다. 자기 자신의 능력과 미래에 대한 두려움을 버리고 자기를 사랑하면서 노력하면은 안 되는 것이 없다. 즉 포기만 안하면 된다는 것이 나의 지론이다.

자기 행동이 낳은 결과에서 회피하려는 경향은 스스로 자기를 사랑하는 마음에서 치유해야 한다. 자기 자신을 사랑하는 법 중에 한 가지는 우선 스스로를 있는 그대로 인정하는 것이다. 인정하고 보는 일에 관심을 갖고 스스로 노력하면 꼭 성공할 수 있다. 기본기는 어느 분야를 막론하고 필수조건이라 생각한다. 자신의 나침반을 갖고 자기 인생의 방향을 명확하게 설정해 보자. 사람은 스스로 능력을 계발해야만 기쁨이 있다는 것을 우리는 알고 있다. 그러므로 성공의 해법은 실수에서도 배울 게 있다는 걸 명심하는 것이다. 그러나 다만 한 가지 반드시 경계할 것이 있다. 똑같은 실수를 두 번 반복하는 하지 않도록 조심하는 것이다.

'사회적 성공', '경제적 성공', '자아적 성공'

미용성공을 이해하기 쉽도록 구분하면 '사회적 성공' 이란 미용의 일을 통해 좋은 평가를 받게 되고 그것이 명예로운 것을 말한다. 즉 사회적 성공은 사회적으로 인정받는 확실한 직장이나 직업을 바탕으로 좋은 결과를 창출하고 그 결과로 인해 지위가 높아지거나 해낸 일의 가치가 높은 사람들이 칭송받음을 의미한다.

그리고 '경제적 성공' 이란 인간생활을 영위하기 위해 필요한 자원이나 돈과 재산을 상당히 얻게 되는 것을 말한다. 미용인이 돈이 많으면 생활이 편리해지게 되고 돈이 부족하면 생활이 불편하게 되니 돈이나 재산 가치가 성공의 척도가 될 수 있을 것이다.

또 '자아적 성공' 이란 자신이 하는 일이나 활동을 통해 보람과 만족을 얻을 수 있는 것을 말한다. 자아적 성공은 주관적·내면적인 것이지만 인간이 즐겁게 살아가야 한다는 미용의 대명제에서 본다면 자아적 성공이야말로 사회적·경제적 성공보다 더 성공적이라고 평가할 수 있을 것이다.

그런데 미용인마다 가치관이나 인생관이 다르므로 사회적·경제적 성공의 기준이 달라질 수 있고 그것을 받아들이는 정도가 다를 수 있다. 미용에서 성공을 이렇게 구분해서 생각해 보면 '사회적' 또는 '경제적 성공' 만으로 인생을 성공했다고 말할 수는 없을 것이다. 주위에 인생을 달관한 사람들로부터 지혜를 얻어내어 고난을 극복하면서 거울로 삼아 본 받도록 해보자. 미용에서 성공이란 미용인이 살아가며 이르게 되는 위치에 의해서라기보다 그가 극복해 낸 역경에 의해 평가된다.

미용의 성공 판단 기준은 인생의 과정이다

미용의 성공이라는 것이 모든 사람에게 똑같은 의미를 갖지는 않는다. 미용의 일로 "돈을 벌겠다"는 미용인과 학자로 높은 명성을 얻겠다는 미용인 그리고 미용예술로 공헌하겠다는 미용인 등 미용인이 저마다 가는 방향이 다르기 때문이다.

이렇듯 미용으로 성공의 판단 기준은 다양하고 상대적인 측면이 있다. 그러나 성공 여부의 판단을 어떤 특정인을 대상으로 삼으면 판단하기가 어려운 게 아니다. 예를 들면 미용으로 돈도 많이 벌고, 학자로 높은 명성을 누리는데 만약 가정생활에서는 부인 혹은 남편이 가정불화가 심했다든가 아들, 딸이 문제가 있거나 딸이 장성해서 자기 몫을 못하게 되면 그 미용인은 미용인으로는 성공했지만 남편 또는 아내, 부모로서는 실패한 것이다.

성공의 요건

미용인은 누구나 성공해서 출세하고 싶어 한다. 그리고 누구나 성공하기 위해 열심히 노력한다고 말한다. 그런데 왜 성공한 미용인이 많지 않은가? 왜 우리주변에는 성공한 미용인이라고 칭찬받는 사람이 많지 않은가? 내가 미용장자격증 시험을 준비할 때의 시절이 생각난다. 그

때는 기능장 자격증을 준비하는 사람들의 최대 관심사가 '어떻게 하면 빨리 기능장자격증을 취득해서 대학교수가 되느냐' 하는 것이다.

미용교수로 성공하려면 갖춰야 할 몇 가지 갖춰야 할 조건이 있다. 첫째는 실력이다. 기본적으로 자신이 속한 조직에서 자신이 맡은 업무를 잘 처리할 수 있는 실력을 가지고 있어야 한다. 여기서 실력이란 일하는 과정을 통해서 많은 사람에게 다각도에서 평가를 받게 되는 것으로 상당한 객관성을 갖게 된다. 따라서 객관적인 평가에서 뒤처지면 다른 사람과의 경쟁에서 탈락하게 되고 결국 자신의 꿈이나 목표를 달성하기 어렵다. 둘째는 시운이다. 사람이 승진하고 출세하려면 때를 잘 만나야한다. 시운은 성공운으로도 볼 수 있는데, 아무리 똑똑하고 열심히 일해도 결국은 하늘이 도와 주어야 성공할 수 있다는 말이다. 셋째는 빽일 것이다. 승진하려면 경쟁하기 마련이다. 한 직장이나 같은 분야에서 일을 하다보면 경쟁하기 마련이고 그 경쟁과정에서는 그 차이가 눈에 띄게 나타나지 않을 수 있으므로 그런 경우에는 자기를 지원해줄 수 있는 든든한 빽이 있어야 확실히 성공할 수 있다.

위의 내용은 한국기술교육대학교 총장이 들려주는 엄청 쉬운 성공방정식이다. 여기에 내 의견을 하나 덧붙이자면 성공하는 마지막 조건은 미용 일 자체를 즐기고 그 즐거운 일에 열정을 다하는 것이다. 열정적으로 미용 일을 하려면 그 일이 자기에게 즐거운 것이어야 한다. 마지막으로 하나 더 부연하자면 성공하는 사람들은 인간관계가 좋아 요즘 말로 NQ(Network Quotient)지수가 높다.

다른 사람을 대할 때 웃는 얼굴로 대하고 그 사람과 좋은 관계를 유지하고 상대방에게 호의적인 관심을 표명해서 좋은 관계를 유지해 나간 사람이 성공한다는 것이다.

4장

행복한 만남

절망에 빠졌을 때,
용기와 신념을 지니도록 해라.

용기를 가지고 살아남아라!

-세익스피어의 인생에 대한 조언-
〈리처드 2세〉 1막 3장

힘 있는 여자, 아름다운 남자

현대인에게 중요한 것이 있다면 그것은 개성이다. 개성 그것은 자신과 타인을 구분하는 기준이다. 미용실에 머리를 하러 온 사람을 유심히 살펴보자. 화장을 해서 꽃미남 같은 얼굴에 꽁지머리와 귀걸이, 목걸이 치장이며 너절하게 찢어서 맨살이 드러난 청바지를 입은 남자를 많이 볼 수 있다. 또 긴 머리의 남자와 짧은 머리의 여자, 때론 뒤에서 보면 누가 여자인지 남자인지를 가려내기 어려운 유니섹스의 옷차림을 한 손님들도 종종 있다. 남녀 옷은 19세기 무렵까지만 해도 남성복이 여성복보다 훨씬 돋보이는 모양이었다. 지금의 여성들에게 볼 수 있는 바로 댄디 스타일(Dandy Style ; 1870년대 유럽에 넓게 퍼진 남성복 유행스타일)의 옷 모양이다. 이 시대에는 남성들이 여성들보다 다섯 배나 더 옷치레 꾸미는 데 시간을 보내야 했다고 한다. 루이 16세 때에는 우아

한 레이스와 모피, 브로케이트, 새틴, 벨벳, 리본에 온갖 보석과 새의 깃털로 한껏 꾸며진 남성들의 옷 모양은 여성들이 저리가라 할 정도로 빛나고 돋보이는 것이었다. 남녀가 동등하게 추구하는 미의 목적은 무엇일까? 외모는 남녀를 불문하고 대인관계에 있어서 첫 번째의 조건이다. 퍼스트 인프레션(첫인상)이 좋아야 함은 두말할 필요도 없다. 오늘날 외모가 자신의 위치를 나타내는 척도가 되는 것은 부인할 수 없는 사실이다. 그래서 남녀 모두 외모가꾸기에 공을 들인다. 그러나 외모에 대한 공들임이 너무 지나쳐 가끔 길거리를 걸어 가다보면 남자인지 여자인지 구분할 수 없는 옷차림을 한 사람들을 본다. 또 유니섹스의 야한 옷차림도 볼 수 있다. 그런데 유니섹스의 바른 뜻은 '남자는 남자답게 여자는 여자답게' 바른 모양으로 서로 잘 어울리면서 아름답게 살아가는 데서 찾는 것이다.

아무리 잘 생긴 남성이나 아름다운 여성이라 하여도 그 사람이 천박스럽다거나 표독스럽고 대화를 나누었을 때 무식하거나 교양 없는 것이 드러나 보인다면 아무리 뛰어난 외모라 할지라도 금방 싫증을 느끼게 될 것이다. 그러나 외모는 뚜렷이 두드러져 보이지 않더라도 실력이 있고 정의감 있는 남성에겐 호감이 가게 되고 교양과 지혜로운 여성한테는 매력을 느끼게 된다. 그래서 힘 있는 여자에게서는 내재되어 있는 말없는 실천의 의지가 표출되고 절도 있는 응축된 여성적인 아름다움이 스며나온다. 즉 이것이 건강한 아름다움이라 할 수 있다.

남성과 여성은 환경에 따라서 또 가지고 있는 여건에 따라 변할 수 있다. 그러므로 자신의 발전을 위해 노력한다면 매력 있는 남성이 될 것이고 그 매력이 곧 아름다움으로까지 연결되는 것이다.

현대는 개성화 시대이기 때문에 각자 나름대로 가꾸기에 따라서 매력 만점의 개성 있는 미 창조자가 될 수 있다. 그러므로 당신은 연습과 끊임 없는 자기연구를 통하여 미용학문에 무엇이 필요하며 미용인들이 어느 방향으로 갈 것인가를 아는 데 도움이 되어야 할 것이다. 스스로의 자기 평가를 통해서 자신의 가치와 미용인들에게 중요한 것이 무엇인가를 확립하기 시작해야 한다. 진솔함의 힘이 엄청나다는 것은 이미 경험한 사람들은 잘 알고 있을 것이다. 특이한 사람을 만나고 있을 때 그 만큼 당신의 삶이 발전하고 있다는 증거이다. 기회를 만들어 자기를 부르는 좋은 만남을 갖도록 하라. 상담에서 특별한 비결 같은 것은 없다고 말한다.

좋은 인맥이 늘어나는 사람들을 보면 예외 없이 예의와 애교가 있다. 바꿔 말하면 인맥을 넓히기 위해서는 자신만의 특징이나 차별화를 가지고 있어야 하는 것이다.

우리가 마음을 열지 못하고 쉽게 상처받을수록 우리는 점점 더 외로워지고 좌절감도 오래 지속된다. 그러면 더욱 움츠러들어서 좀체 휘장을 걷어내지 못하게 되는 것이다. 상처에 대한 두려움은 새로운 관계를 맺는 것을 방해한다. 원만한 대인관계를 이루기 위해서는 먼저 자기 자신이 상대방에게 무엇을 원하는지, 어떤 면에서 상처를 받게 되는지, 또 어느 순간에 두려움과 불안을 느끼는지, 무엇이 자신을 고통스럽게 하는지 알아야 한다.

똑같은 사건 앞에서도 사람마다 느끼는 생각과 감정은 다 다를 수 있다. 즉 그 사람의 신념과 인생의 의미에 따라 같은 사건도 여러 다른 생각과 감정을 불러일으킬 수 있는 것이다.

대인관계에서도 마찬가지이다. 우리가 어떤 관점, 어떤 생각을 갖느냐에 따라 우리의 감정, 행동, 신체적 반응 등은 달라진다.

상처받고 싶지 않다는 생각에만 매달리면 다른 사람과 친밀감과 신뢰를 나누어 가질 수 있는 기회는 좀체로 주어지지 않는다. 모든 사람에게 예의를 다하고, 많은 사람에게 붙임성 있게 대해야 한다. "몇 사람에게 친밀하고 한 사람에게 벗이 되고 아무에게도 적이 되지 말아야 할 것이다." 벤자민 플랭클린의 말이다. 서로 부비며 살아가는 사람과 사람의 관계, 참으로 어렵고, 또 중요한 문제이기도 하다. 특히 '아무에게도 적이 되지 말라!' 는 말은 무섭고도 엄중한 경고처럼 들린다. 때로 상처받고 괴롭기도 하지만 그것이 새로운 경험, 나아가서 새로운 삶을 위한 발돋움이 될지도 모른다고 생각하면 좀 더 마음을 열 수 있을 것이다. 미용인으로서 우리는 정신적·신체적으로 그저 상대의 이야기를 잘 들어 주는 것이다. 아마도 어떠한 찬사도 이만한 효과는 없을 것이다. 말하는 사람은 문제 해결보다는 자신의 마음을 알아주기를 바라기 때문이다. 성급한 사람은 말을 끊고 자신의 의견을 말하거나 금방 대답을 듣지 못하면 안달하기도 하는데, 급하게 서두르면 대화할 의욕을 잃어버리게 되곤 한다.

목표를 이루고자 할 때까지 우리들은 서로 잘 지내는 방법을 배워야 할 것이다. 우리가 원하는 일을 하도록 하는 것와 사기를 통제히려고 드는 사람과 좋은 관계를 유지하기란 매우 어렵다. 당신이 제일 먼저 그만두어야 할 일은 타인을 통제하고 비난하고 탓하고 불평하는 것이다. 이렇게 할 때 모든 부분이 향상될 것이고 당신의 삶이 완전하게 변화되어질것이다.

그러므로 우리 미용인들은 더욱 더 다양한 학문을 즐겨야 할 것이다. 시간이 나면 반드시 미용분야가 아니더라도 훌륭한 강의를 찾아다니며 들는 자세가 필요하다. 성공한 사람에게는 반드시 배울게 있다. 성공한 사람들을 가까이 두도록하는 것과 진실된 사람관리는 어떠한 열악한 환경에서도 탄생될 수 있는 성공인으로 가는 지름길이 될 수 있다는 것을 명심해야 할 것이다. 주위에 성공인들이 없다면 좋은 책을 통해서라도 위대한 만남을 가져야할 것이다.

우리는 우리의 정신적·신체적 자원의 극히 적은 부분만을 사용하고 있다. 우리는 사용하지 않고 있는 여러 종류의 재능을 소유하고 있다. 교육의 가장 큰 목표는 지식이 아니라 행동인 것이다. 성공하고 행복한 사람의 비결은 대부분 한 가지 일에 완전히 매달린다는 것이다. 한 가지 일에 집중하다 보면 예기치 않은 에너지가 솟구치는 것을 느끼게 될 것이다.

여기에서 성인들의 가장 큰 관심사는 건강으로 나타났다. 그 다음 관심사는 사람을 어떻게 사귀느냐, 어떻게 사람들이 자신을 좋아하게 만들고 어떻게 자기 생각대로 상대방을 설득할 수 있는가 하는 것이다. 결론은 이렇다. 정말로 성공하고 싶으면 85%가 인간관계에 좌우된다는 것이다. 그래서 중요한 것은 사랑하는 사람을 많이 만들고 진실하게 상통한다는 것이다. 때론 상대방의 비난을 내 잣대로 판단하지 않고 들어주어야 한다. 자기 잣대로 평가하는 것은 매우 위험한 것이다. 그래서 가장 좋은 방법은 가능한 누군가를 비난하지도 말고 비난을 듣지도 않는 것이다. 그러나 인간사에서 그것은 바랄 수 없는 꿈이다. 그러므로 누군가의 비난이 내게 상처가 된다면 나의 비난 역시 상대방에게 상처가 된다는 사실을 기억하고 비난 자체를 자제하는 것이 바람직하다. 때로 우리는 자신도 받아들이기 어려운 점을 가지고 얼마나 쉽게 남을 비난하는지 생각 한다면 더욱 상처를 입힐 말은 하지 않는 것이 좋다.

만일 지금 어떤 위기를 겪고 있다면 먼저 요즘 자신에게 일어난 환경의 변화, 생각의 변화, 감정의 변화, 행동의 변화, 신체적 변화를 자세히 적어 보도록 한다. 그러면 문제가 무엇인지 그 원인을 찾아낼 수 있다.

정직한 칭찬은 좋은 결과를 가져다 준다. 수백 번의 얄팍한 서비스보다 자신을 소중히 생각하고 사랑하는 만큼만 고객을 생각하는 것이 필요하다. 전문성이 결여된 친절은 고객들의 동정을 필요로 하며, 친절이 결여된 전문성은 고객들로부터 외면받는다. 다양한 응용과 표현을 위해서는 쉬지 않고 새로운 정보를 취해야 하는 노력이 필요하며, 신속하고 새로운 변화를 통하여 고객의 마음을 사로잡기 위해서는 꾸준한 투자를 요구한다.

습관은 매우 중요하다. 그 사람을 형성하기 때문이다. 인사하는 습관과 옷 입는 습관, 책 읽는 습관과 돈 쓰는 습관, 상대의 이야기를 진지하게 듣는 습관, 상대방의 입장을 배려할 줄 아는 습관과 아이들이나 어려움에 처한 사람을 보면 감싸고 도와주는 아름다운 습관, 그리고 사물의 이면을 관찰하는 습관 등등 헤아릴 수 없이 많은 습관이 모여서 인품을 만든다. 그러므로 좋은 습관을 갖기 위해 노력하고 나쁜 습관을 과감하게 버려야 한다.

작은 일에 너무 신경 쓰는 사람은 대체로 큰일을 잘 못 한다. 매일 바쁘다며 입버릇처럼 하면서 일을 쌓아 놓고 있는 사람을 생각해 보자. 이런 사람은 모든 일을 완벽하게 하지 않으면 성이 안 찬다. 고지식하고 꼼꼼한 사람에게 많다. 한 가지 일에 집착하면 다른 것이 안 보이는 이들은, 세심한 부분까지 신경 쓰기 때문에 냉정하며 여유를 갖고 생각하는 일이 서툴다.

관심을 가지고 멋진 자기만의 개성 있는 스타일을 지니면서 스타일이란 말의 뜻을 스스로 발견하고 자신이 알지 못했던 세계를 바라보는 심미안을 획득한다면 반드시 언젠가 자신만의 스타일에 익숙해져 자연스런 멋을 찾게 된다. 유행에 끌려 다니지 않고 자유로운 발상으로 미의 모든 것을 두루두루 바라보고 받아들일 수 있을 것이다. 성공하는 사람은 훌륭한 습관을 지니고 있다. 바꿔 말하면 훌륭한 습관을 지니고 있어서 성공할 수 있었던 것일지도 모른다.

'세살 버릇 여든까지 간다.' 라는 속담이 있다. 그러나 이것은 부분적으로 맞는 말이다. 성공을 꿈꾸지 않는 사람이라면 나쁜 버릇을 평생 고치지 못하지만, 성공을 꿈꾼다면 나쁜 버릇은 한시라도 빨리 고쳐야 한다. 한 번 밖에 없는 우리의 삶은 습관된 쪽을 반복해서 가고 있기 때문이다.

좋은 습관은 좋은 열매를 나쁜 습관은 나쁜 열매를 맺는 법이다. 일단 좋은 것을 습관화시켜야 한다. 믿음과 행동이 일치해야 한다. 이는 성공한 사람들과 자주 만나 그들의 의식구조와 행동력을 배우는 것이 방법이다. 그리고 스스로가 노력하기에 따라 습관도 달라질 수 있다. 늘 좋은 것만 보고 좋은 일만 하고, 좋은 행동으로 하루하루를 지내다 보면 어느새 좋은 습관으로 연결되어 훌륭한 미용인으로 거듭날 것은 분명하다.

성공한 미용인의 곁에서 보면 그들에겐 좋은 습관이 몸에 배어 있음을 볼 수 있다. 그래서 좋은 습관은 전염되어야 할 것이다. 모든 미용인들에게 좋은 습관으로 행복을 찾는 지혜를 알게 되길 바란다.

협력자

진정으로 배려하라

성공한 사람 뒤에는 반드시 협력자가 있다. 예를 들어 한 사람이 세계 미용대회에 나가서 정상에 오르기까지 위해서는 그의 노력도 있겠지만 트레이너와 그의 가족들 또는 사랑하는 사람과 미용 연구가 등 많은 열의에 찬 사람들의 도움과 희생이 있을 것이다. 이러한 협력자가 없었더라면 오늘날 우리 미용이 우뚝 서지 못했을 것이다.

스스로에게 잘 물어보자. 과연 당신은 당신 미용성공을 실현하는 데 뒷받침이 되어 줄 협력자가 있는가? 아니면 당신의 주위엔 당신이 미용에 성공을 하든지 말든지 무관심한 사람들만이 있는가? 당신의 목표를 달성하든지 말든지 관심조차 없는 아무런 열의도 없는 사람들뿐인가? 만약 그렇다면 당신 먼저 서둘러 주위에 당신이 먼저 배려해서 협력자가 되어 주어라. 미용의 길에 우뚝 설 수 있도록 도와주고 싶은 협력자를 헤아려보자. 지금 당신 곁에 협력자가 있는 것과 그 누군가의 협력자로 될 수 있다면 어떤 열정을 찾아 불러 일으키는 것도 당신의 능력이다. 사회적으로 지명도를 높여보겠다는 목표를 세워보자. 열정이 있는 사람과 시원시원한 성격은 사람들에게 호감을 산다. 그런 성격에 겸손함까지 겸비한 경우라면 주위사람들에게 무척 매력적으로 보여질 것이다. 자기를 한 단계 위로 끌어줄 상대를 적극적으로 끌어낸 사람은 타인과의 만남을 통해서 자기를 형성해 나간다. 특히, 우리 미용인들은 여러 계층의 사람들을 만날 수 있는 기회가 많다.

일관성은 처음과 끝이 같으며 늘 변함이 없으며, 흔들리지 않는다는 뜻이다. 모진 풍파에도 중심을 잃는 법이 없다. 바로 그런 사람을 가리켜서 우리는 '믿을 만한 미용인' 이라 부른다. 지금까지 미용을 하면서 어떤 사람과 만나 왔으며 그 사람에게 잘 해주었는가? 아니면 잘못해 준 사람에게 어떤 영향력을 받았으며, 또 어떤 영향력을 주었는가? 뷰티샵 안에서 직원들끼리 질투가 가득해서 늘 스트레스를 받지는 않았는지? 당신을 칭찬하고 친절을 베풀며, 당신편이 되어 주었던 사람들뿐이었는가? 반드시 그렇지만은 않았을 것이다. 당신을 배척하고 논쟁한 사람도 있었을 것이다.
다른 모든 사람들의 지지를 받으려면 그들을 내편으로 만들어야 하고 또한 그들의 가족에게 무엇이 필요한지를 알아야 한다. 중심을 공유하는 사람들 중에는 그 점을 이해하지 못하고 그로 인해 도움을 주고받는 구조가 힘을 받을 뿐 아니라 중심을 이루는 것도 쉬워질 것이다. 자신만의 공간을 만드는 것이 중요하다. 미용인이 가족들의 의사를 존중하는 것도 중요하다. 죽는 순간까지 중심을 유지하라. 내가 경험한 바에 의하면 두 가지 모두 얼마든지 성공적으로 누릴 수 있다. 굳이 한쪽을 포기할 필요 없이 직업에서의 성공과 가정에서의 행복을 동시에 원한 다면 의지에 대한 믿음과 용기가 가장 필요하다. 혼자만의 힘으로 균형 을 맞추려고 하지마라. 그것은 힘들뿐 아니라 효과적이지 못하다. 남편 과 혹은 가족 그리고 친구와 함께 한다면 그런 사람에게 당신은 어떤 교훈을 배웠나 생각해 보자.

협력자 없이 혼자 될 수 없는 게 세상살이이다. 자신이 꿈꾸는 인생을 살아가기 위해서는 주위의 도움이 필요하다. 상대방에게 기분 좋은 도 움을 받으려면 역시 호감을 사는 일이 첫 번째 조건이 될 것이다. 그렇 다면 성공한 사람은 무엇을 지니고 있기에 협력자가 있는 것일까? 그 것은 바로 매력이다. 하나의 목표를 달성하기 위해서는 타인의 협력도 필요한 것이기에 우리는 많은 매력을 지니도록 노력해야 한다. 그렇다 면 그 매력에는 두 가지로 나눌 수 있겠다. 첫째는 인간적인 매력이고 두 번째는 전문성이라는 매력이다. 급속도로 변하는 정보사회에서 역 시 새로운 정보를 많이 알고 있는 사람이 편리할 것은 당연한 이야기이 다. 사람을 움직이기 위해서는 상대방에 대해서 어떤 영향력을 가져야 한다. 다시 말해서 상대에게 도움을 줄 수 있는 장점을 지니고 있어야 한다는 것이다.
유유상종이란 말이 있듯이 사람들은 비슷한 사람끼리 친해지기 쉽다. 사귀는 친구나 자기 옆에 어떤 사람이 있는지를 보면 당신이 어떤 사람 인지를 어느 정도는 알 수 있다. 그래서 노는 물이 매우 중요하다고 하 는 것이다. 지금 당신 주위에 당신 옆의 사람이 어떻게 당신에게 도움 이 될 사람인지 알 수 없으나 당신을 성장시키는 상대를 사귀어라. 당신이 미용생활을 하면서 행복한 인생을 살고 싶다면 사귀는 사람을 스스로 잘 선택해야 할 것이다. 인생은 한 번뿐이니까 훌륭한 사람, 좋은 친구, 진실한 사람을 만나서 적극적으로 상대방과의 관계를 유지하도록 하라. 지금 당장은 표시나지 않더라도 작아 보이는 일이 한사람의 행복을 결정하는 데 큰 역할로 변할 것이다.

건실하게 사이를 유지한다는 것은 매우 중요한 일이다. 어디서 어떤 운이 당신에게로 올런지 그것은 아무도 모르기 때문이다.

성공하고 싶으면 인간적 접촉을 많이 하라. 늘 겸손해야 하며 줄 수 있는 것은 모두 주라. 한 개를 주면 그 이상의 것이 곱으로 오는 것이 법이다.

역시 갖가지 모임과 꼭 미용이 아니라 해도 전공 분야가 달라도 사람과의 만남은 당신을 향상시키고 행운을 불러 줄 것이다.

인연을 맺음이 너무 해퍼서는 안 된다. 옷깃을 한 번 스친 사람들끼리 인연을 맺으려고 하는 것은 불필요한 소모적인 일이다. 진실은 진실된 사람에게만 투자해야 한다. 그래야 그것이 좋은 일로 결실을 맺는다. 또한 아무에게나 진실을 투자하는 건 위험한 일이다. 일방적으로 보여 주는 것은 어리석음과 다름없다.

주위를 잘 돌아보면 분명 자신에게 도움을 줄 수 있는 사람이 있을 것이다. 그러한 사람을 찾았다면 이제 남는 것은 멘토에게 도움을 받는 것이다. 멘토에게 도움 받는 것을 부끄러워하지 말고 삶을 위해 그의 넓은 경험과 지식을 활용하는 것이다.

실패에 대한 죄책감에서 벗어나자. 성공의 조건은 상당히 까다롭기 때문에 우리의 인생을 더욱 복잡하게 만들 수 있다.

성공가도를 달리는 사람이라면 권력과 부와 명예를 더 차지하려는 욕심을 부릴 수 있고 그렇지 않은 사람도 있다. 그렇지 않은 사람은 더 많은 시간을 일에 투자해야겠다고 결심할 수 있다.

성공은 가정과 직장에서의 만족을 동시에 추구하는 과정에 뒤따르는 일종의 결과이지 책임은 아니다. 분명 당신의 행복도 보는 관점에서 달라질 수 있다. 무엇이 행복일까? 일에 있어서의 행복과 가정에 있어서의 행복을 반드시 분리할 필요는 없다.

우선 순위를 리스트로 작성해 보자. 특별한 관심을 기울이지 않으면 미용 일과 가정은 물론 다른 것까지 삼켜버릴 수 있다. 우리는 자신에게 균형 혹은 불균형이 나타나는 데 대해 스스로 책임져야 하며 삶의 균형을 이루기 위해 적극적으로 생각하고 행동해야 한다. 무엇인가를 선택해야 할 때 방향을 잡고 결정하는 것이 훨씬 수월하다. 균형은 저절로 이루어지는 것도 아니고 누군가가 만들어 주는 것도 아니다. 자신이 직접 만들어 가야 한다.

적극적으로 생각하고 행동해야 한다

항상 반듯하고 균형의 상태를 유지한다는 것은 어느 누구에게든 힘든 일이다. 일도 잘 하는데 가정까지 화목하기는 힘들다. 미용의 일에 몰두하다가 가정은 이미 돌이킬 수 없을 지경에 놓여 있을 가능성이 더 크다. 그러므로 항상 일과 가정을 균형있게 관리하라. 무엇인가를 포기했다가 나중에 다시 되찾을 수 있다는 믿음은 착각이다. 미용의 일이나 다른 목적을 위해 희생시킨 자녀들에게 지나간 시간들을 되돌려줄 수 없고 너무 바쁘다는 이유로 놓쳐버린 귀중한 인간관계도 회복할 수 없다. 미용에서의 성공과 가정에서의 행복을 동시에 이루려면 믿음과 용기가 가장 필요하다. 버리고 비우지 않고서는 새 것이 들어 설 수 없듯이 우리 미용인들은 끊임없는 노력이 필요하다. 그리고 결심한 목표를 단 한 번의 실패를 했다고 해서 포기하면 안 된다. "인생을 가장 멋있고 지혜롭게 사는 방법은 될 수 있으면 많은 것을 사랑하는 것이다."는 말이 있듯이 남이 볼 때 나쁜 점보다는 좋은 점만을 보려고 하는 자세로 자기를 성장시킬 수 있는 것이다.

그리고 좋은 사람을 만나는 것은 일생일대의 큰 행운이다. 그 행운은 결코 멀리 있지 않다. 자기가 먼저 좋은 사람이 되는 것이다. 먼저 꿈을 가져야 꿈을 가진 사람을 서로 만날 수 있듯이 필요할 때 도움을 주는 사람이 많나? 목표 달성을 위해 애 쓰나? 지금 자신의 모습이 인생의 마지막 장식이라고 생각하고 살아야 할 것이다. 서로 필요한 사람이 되어야 한다. 응원은 사랑이다. 잘 될 것이라는 믿음과 격려의 표시이다. 잘 나가고 좋을 때뿐 아니라 춥고 아프고 외로운 시간에도 한결같은 마음으로 강력한 에너지를 보내는 것이나. 응원이 있는 곳에 절망이나 두려움은 없다. 따뜻한 희망과 용기만이 넘칠 뿐이다. 일관성은 처음과 끝이 같다는 뜻이다. 늘 변함이 없으며, 흔들리지 않는다는 뜻이다. 모진 풍파에도 중심을 잃는 법이 없어야 한다. 바로 그런 사람을 가리켜서 우리는 '믿을 만한 사람' 이라 부른다.

삶의 방향을 확정하라

터닝 포인트

살다 보면 수많은 터닝 포인트(Turning Point), 즉 전환점이 누구에게
든 있다. 무언가 어려운 점을 극복하고 성실하게 만들어 가는 사람을
보면 우리들은 감동을 받는다.

그동안 남의 미용실에서 여러 미용보조일로부터 미용중상의 절차를 걸
쳐 헤어디자이너의 단계까지 미용공부를 하고 난 후 직접 미용실을 경
영하면서 석사와 박사학위를 취득했다. 그리고 법무부 교도소 교정교
육위원으로 재소자들에게 이미지 메이킹의 강의와 지역사회의 발전에
기여로 여성회관에서 강의를 하고 있다. 몇 년 전에 대학시간 강사로
시작해서 현재 대학에서 헤어디자인과 교수로 학생들을 지도하며 강의
하고 있다.

본인이 대학 다닐 당시에는 지금의 대학처럼 미용과 자체가 개설되어

있지가 않았다. 그 당시에는 미용이 학문으로 인정되지 않아서 인지 지금과 달리 미용과나 헤어디자인과라든가 뷰티디자인과가 대학에 없었다. 그러나 현재에는 전국에 미용대학이 많이 개설되어 있다. 미용은 단순한 기능만이 아니다. 과학적 기초 아래 기술이 확립되어야 하는 분야이기도 하다. 그러므로 1991년 전문대학에 미용관련학과가 개설되었다. 교육기관의 양적 팽창을 가져 왔으나 학문적 정립을 위한 기초 연구의 부재와 전공 담당 교육 지도자의 적합성 등의 문제가 새롭게 제기되었고, 이러한 현상을 해소하고자 그동안에 몇 군데 대학교 특수대학원의 전문과정이 개설되어 교육되어지고 있었다. 그리고 그 체계성을 확립하기에는 다소 어려움이 따르는 것이 현실이었다. 지금은 대학에 미용이라는 실용학문분야가 학문적 체계로 확립되어 있다. 미용교육발전을 위해서 미용기술에 대한 기초 연구와 과학이론의 바탕 아래 실질적인 교육이 이루어지고 있다. 현재 전국에 미용과가 4년제 대학부터 2년제 대학에까지 무척 많다.

'미용이 기능이냐 예술이냐에 대한 의견이 분분한데, 인체에 아름다움을 창조하는 미용은 기능이자 예술이라고 생각한다. 지금 행복한 사람들 중에서는 고통스러운 경험에서 지혜를 배웠다는 것을 알아야 한다. 그리고 고되고 어려운 시련에 새로운 자신을 통해서노 새토운 자신을 창조해 나갈 줄 알고 있다. 살다 보면 때론 가슴 저미는 미소를 지어야 할 때도 있다. 삶의 방향을 확정하고 중요하지 않은 것들을 쳐낼 수 있다면 점점 목표하는 방향으로 갈 수 있을 것이다.

우리들이 잘 아는 유명한 로보트 프로스트의 시 중에서 '가지 않은 길'을 떠올려 보자. 인생의 숲길을 가노라면 반드시 갈림길에 서게 된다. 남이 가지 않는 길을 선택하기란 쉽지가 않다. 그러나 그로써 또 하나의 새로운 숲길이 생겨나고 저마다의 개인의 새로운 역사와 새로운 창조가 시작될 수 있다. 세상에 끈기를 이길 수 있는 것은 아무 것도 없다. 그래서 행동계획을 세우면 그대로 행해야 한다. 사실 우리가 알고 있고 겪고 있는 모든 괴로움은 좋아하고 싫어하는 이 두 가지 분별에서 온다고 해도 과언이 아니다. 그래서 너무 좋아 할 것도 너무 싫어 할 것도 없음을 알아야 한다. 너무 좋아해도 괴롭고 너무 미워해도 괴롭다. 사랑을 하되 집착이 없어야 하고 미워하더라도 거기에 오래 머물러서는 안 된다는 말이다. 집착만은 놓아야 할 것이다. 집착을 하면 집착하는 쪽이 괴로운 것이다. 머무는 바 없어야 한다. 어쩌면 산다는 건 고르는 것이다. 살아가면서 고통이 없는 곳, 절망이 없는 곳도 없다. 그러나 시선을 높여 슬픔 너머를 바라보는 사람에게는 슬픔이 곧 기쁨이고, 절망이 곧 희망이다.

우리는 종종 자신과 다른 식으로 생각하는 사람을 고지식한 바보로 취급하는 경우가 있다. 단 하루도 도전이 아닌 날이 없다. 특히 미용세계에서는 더욱 더 그러하다. 곳곳에 장애물이 있고 열심히 앞만 보고 가다보면 벽을 만나게 되기도 한다. 그럴수록 우리 미용인들의 마음은 바로 행동과 함께 가야 한다. 사명감으로 뛰는 마음이면 더욱 좋겠다. 마음의 주인은 바로 자기 자신임을 명심하라. 저자는 남들이 정한 내 능력의 한계를 믿지 않았다. 그러므로 남들이 멋대로 정해놓은 당신의 한계를 믿지 말자.

아무리 슬픈 눈물도 언젠가는 반드시 마를 날은 온다는 것을 명심하자. 과거에 문제를 성공적으로 해결한 사람들은 새로운 위협이 닥쳐도 위기감을 덜 느끼게 된다. 무한한 잠재력을 가진 사람들은 위기 극복에 성공하거나 역경을 무사히 극복했을 때 더 강해질 수 있다.

그래서 우리는 살다보면 불행의 경험을 더러 겪게도 된다. 대다수 사람들은 그때 주저앉거나 무너지지만 진정으로 강한 미용인은 그 역경을 딛고 다시 일어설 줄 안다. 그래서 역경 이전에는 전혀 보지 못했던 성공의 길을 발견하게 된다.

다른 사람들과의 교류를 통해서 자신이 어떤 사람인지를 알게 된다. 그렇지만 그것만으로 자신의 전부를 이해한다고는 할 수 없다. 미용 일을 하면서 한두 사람은 싫은 사람, 혹은 질색인 사람이 있을 것이다. 싫은 상대는 그 사람의 단점을 싫어하는 경우가 많지만 거기에는 자신이 투영되어 있는 경우가 많다. 특히 미용의 일을 하면서 남과의 교제는 거울과 같은 것이다.

싫은 점이 있다면 왜 그렇게 용서가 안 되는지를 객관적으로 분석해 볼 필요가 있다. 사람은 타인을 통해서 자신이 알지 못하는 부분을 보게 된다. 한 마디로 타인은 자신을 비추는 거울인 것이다. 시간이 나면 훌륭한 강의를 찾아다니며 들으라. 전공분야가 달라도 미용이 아니라도 성공한 사람에게는 반드시 배울게 있다. 좋은 책을 통해서라도 위대한 만남을 가져야 한다.

시간은 누구에게나 평등하게 주어진 자본금이라고 한다. 하지만 우리 미용인들은 시간을 생각처럼 그리 자유롭고 맘대로 활용하기가 쉽지 않은 것이 현실이다. 직감도 고된 훈련을 통해서 얻어지는 법이다. 미풍에 실린 바람결에서도 태풍을 감지하는 오랜 농부처럼 들판에 흘린 땀이 많아야, 자신의 직감을 신뢰할 수 있는 단계까지 이를 수가 있다. 그래야 통증을 참고 계속 연습을 해도 되는지, 아니면 당장 멈춰야 하는 지를 알아차릴 수 있다. 우리의 삶을 위대한 꿈으로 변형시킬 수 있는 마술 같은 힘은 항상 우리 미용인들 안에서 잠자며 기다리고 있다.

이 세상에 정열을 가진 사람은 많다. 정열을 가진 사람들은 전략도 있고, 또 가치관과도 조화를 이룬다. 미용의 성공은 우리가 가지고 있는 것을 최대한 활용하는 신체적, 지적, 정신적 에너지와 분리될 수가 없기 때문이다.

성공하고 행복한 사람의 비결은 대부분 한 가지 일에 완전히 매달린다는 것이다. 한 가지 일에 집중하다 보면 예기치 않은 에너지가 솟구치는 것을 느끼게 될 것이다. 등산할 때 정상을 향해서 오르면 오를수록 시야가 넓어진다. 오를수록 정보망이 넓어지고 시야가 열린다.

미용의 일을 한다고 해서 미용인만 만나는 사람이 있는데 한쪽으로 치우친 인맥은 인맥으로서 의미가 없다.

사람은 저마다 유익한 사람이 되어 보람찬 삶을 살고 싶다는 이상을 가지고 살아간다. 사람이 이상을 가지고 살아간다는 것은 지극히 당연한 일이다.

일단 자신이 나아 갈 이상을 정했다면 이제 어떻게 해야 할까? 이때 중요한 점은 지금 할 수 있는 일을 조금씩 하는 것이며 그 방법은 의외로 간단하다. 지금 당장 도움이 안 되더라도 하루에 한두 시간 정도는 자신이 하고 싶은 일에 관한 공부를 하라. 그러면 10년 후에는 상당한 수준에 이를 것이다. 노후의 미용인 생활을 위해서는 반드시 필요하다.

사실 한 가지 일에 꾸준히 하기란 쉬운 일이 아니다. 그러므로 목표를 정했다면 다른 욕망은 억제해야 한다. 세월이 흘러 예나 지금이나 변하지 않은 건 꿈과 목표가 있어도 그것을 이루기 위해 꾸준히 노력하는 사람은 많지 않다는 것이다.

젊을 때는 무엇이든 될 수 있고, 무슨 일이든 할 수 있다는 믿음이 매우 중요하다. 또한 그렇게 믿기 때문에 자신의 능력을 널리 알리려고 하는 마음도 생기게 된다.

젊어서 큰 이상을 갖고 자신의 목표를 정했다면 그것을 향해 조금씩 노력하는 자세가 매우 필요하다. 사람이 큰 꿈과 목표를 갖는 건 아주 좋은 일이다. 그리고 꿈과 목표를 향해 꾸준히 나아간다면 반드시 이루어진다. 누구든 그 분야에서 프로가 되려면 매일 필요한 능력을 기르는 노력이 따라야 한다. 예를 들어 글을 잘 쓰고 싶으면 생각하는 기술을 배우는 일이고, 미용의 일을 잘 하고 싶으면 반복연습만이 최고의 길이다.

5장

진정한 아름다움은 마음이다

① 외모를 보지 말고 마음을 볼 줄 알라

② 원하고 꿈꾸는 것을 향해

③ 인생으로 본 헤어문화

자세히 관찰하고 조사하라

이 문제에 대하여, 좀 더 신중하게
이성의 소리에 귀를 기울이도록 하겠다.

-세익스피어의 인생에 대한 조언-
〈오델로〉 4막 2장

외모를 보지 말고 마음을 볼 줄 알라

내면의 미

처세기술책에 나오는 '순자의 지혜'라는 글에서는 "形相雖惡(형상수악), 而心術善(이심술선), 無詐爲君子也(무해위군자야), 形相雖善(형상수선), 而心術惡(이심술악), 無詐爲小人也(무해위소인야)"라고 하였다. "이는 비록 외모가 추하더라도 내면과 사상, 처세법이 훌륭하면 군자라 할 수 있다. 비록 외모가 아름답다 하더라도 내면과 사상, 처세법이 악하면 소인임을 숨길 수 없다"라는 뜻이다. 결국 이 말은 사람의 외모는 단순히 겉으로 드러난 표면적인 것에 불과하므로 만약 사람의 외모만 보고 그 전부를 판단한다면 그 판단은 잘못될 확률이 많을 수 밖에 없음을 시사하는 것이다.

특히 미용 일을 하는 사람들이 물론 우리가 외모에 집착하는 것은 부정할 수 없다. 그러나 현대식으로 말하자면 우선 매력적인 여성이 되고자 하면 성형외과 가기 전에 도서관엘 먼저 갈 줄 알아야 한다.

사람들은 왜 외모에 집착하는 걸까? 아름다운 여성이나 잘 생긴 남자는 인간성이 좋다고 믿기 때문일까? 사실 미인과 미남이란 기준은 시대에 따라 달라지기 마련이다. 못 생긴 여자지만 마음씨가 착하고 못생긴 남자라도 인간성이 좋다면 싫증이 날까? 겉으로 보이는 것만 보려하지 말고 볼 수 없는 것을 볼 줄 아는 예지력과 직관력을 길러라.

여기에서 하고 싶은 이야기는 단순히 겉모습을 잘 보기보다는 내면의 아름다움을 봐야 한다는 것이다. 시간이 지나 갈수록 그 향기를 더 해 가는 것은 마음인 것이다. 그러므로 우리 미용인들의 일이란 것이 비록 고객의 외모를 가꾸어주는 것이지만 외모만 가지고 함부로 사람을 판단해서는 안 될 것이다. 선입견을 버리고 있는 그래로 외모 뒤에 감춰진 본성을 보려고 노력해야 할 것이다. 하지만 본성을 볼 수 있는 혜안은 하루 아침에 갖춰지지 않는다. 풍부한 체험만이 관건일 것이다. 많은 사람들은 외모를 중시하고 외모만으로 판단하고자 하는 경향이 있는데, 이런 외모지상주위는 그다지 중요하지가 않다. 왜냐하면 외모의 아름다움은 시간이 지날수록 퇴락하지만 눈에 보이는 않는 내면의 아름다움은 시간이 흐를수록 진해지기 때문이다. 매일매일 자기 자신을 점검하고 세상에서 아름다운 사람이 될 수 있도록 힘을 내어 보자.

외모의 아름다움 보다 눈에 보이지 않는 내면의 아름다움이 시간이 흐를수록 진하기만 하다는 것을 우리 미용인들에게 다시 한번 강조하고 싶다. 진정한 아름다움은 마음인 것이다. 자기를 가꾸는 과정을 보면 곧 그 사람의 생각과 정서가 그대로 반영되어진다. 감정의 세계를 이해하는 데 도움이 되는 자아발견을 위한 여정에 많은 관심을 갖도록 하자. 과거는 변화할 수 없다. 과거의 기억 속에서 사라져 있지만 내면에 새겨진 상처에는 때로 가정이나 사회생활에서 그리고 인간관계 속에서 또 다른 형태로 드러나기도 하며 어떨 때는 그 아픔을 숨기기 위해 온갖 다른 감정으로 위장하기도 한다. 그러나 현재와 미래는 얼마든지 변화할 수 있다. 그러기 때문에 感通易(감통역), 스스로 변해서 느끼면 통한다는 말처럼 우리 미용인들은 머리를 비롯하여 발끝까지 아름답게 가꿔 주는 사람들이기 때문에 실제 의사만큼의 역할을 한다고 해석할 수 있다. 말하자면 이원화로 나눠 볼 수 있다. 첫째는 외부적 치료(헤어), 두 번째는 내부적 치료(머리를 하고 나면 심리적으로 안정된다)이다. 즉 통하면 느껴서 변하는 것이다. 미용 초보자가 눈가림을 하고 미용실에 오신 손님의 머리를 커트(cut) 한다고 생각을 해 보자. 아마도 여기저기 들쑥날쑥 엉망진창의 머리가 되어 있을 것은 뻔하고 혹시나 상처는 나지 않았을까? 걱정이 앞선다. 우리 미용인들은 가끔 마치 농부가 농사는 짓지 않고 풍성한 추수만을 바라는 것처럼 미용기술 습득이나 자기발전에는 힘쓰지 않고 인맥이나 아니면 대충대충 남의 눈을 속여 가며 살고 있지는 않았는지? 그리고 어떤 때에는 자기 기만에 자기가 넘어지는 경우는 없었는지? 여하튼 우리 미용인들은 이번 기회에 자각하기 위한 훈련을 해 볼 일이다. 자각이 됐을 때와 자각이 못 됐을 때는 엄청난 차이가 있다. 예컨대 다른 사람의 외모만을 살피고 판단하는 사람은 어떤 상황에서든 겉으로 풍겨지는 것만 보려한다. 이런 사람들은 사물을 볼 때에 깊이 이해할 수 없다. 다시 말하면 인생에 깊이도가 떨어진다는 말이다. 그리고 그런 사람은 인내심도 부족하다. 오직 스스로의 안목만을 과신한 채 모든 걸 겉모습으로만 판단한다. 이것은 견문이 넓지 못하고 인품이 비천하다는 의미도 된다.

미용실은 반드시 외모만 가꾸는 장소가 아니다. 마음이 쉴 수 있는 곳이기도 하다. 외모를 가꾸는 시간에 대부분의 손님들은 원장님과 또는 미용실 직원들하고 이런 저런 대화를 갖게 된다. 대화란 심리학적으로 해석하면 사람들이 상대에게 '너를 사랑해' 라는 말, 즉 너를 통해서 내 결핍을 채 우고 싶다라는 의미이다. 사람과 사람 사이에 주는 것이 없으면 얻는 것도 없는 법이다. 이 세상 살아가는데 일방통행은 인간관계에서 절대 오래 가지 못한다. 생명력이 짧다는 말이다. 사람을 사귀는 일은 물론 신중해야 한다. 인간관계란 느낌으로 하는 것이다. 사람을 좋아하고 사랑하는 건 감성이지 이성은 아니기 때문이다. 어떤 사람을 만나도 그 나름의 대화를 즐길 수 있는 사람, 사랑은 가슴으로 하는 것이지 머리로 하는 건 아니다. 사람들의 가치관과 생활방식이 다양화된 만큼 어떤 상대와도 어색함 없이 어울리기 위해서는 어느 정도 타협해 나가야 한다고 생각하는 사람이 많다. 그러나 타협할 필요는 없다. 최득하다보면 훗날의 차이가 크다.

오늘의 미용의 길은 늘 새롭게 느낄 수 있다. 따라서 자신을 중심으로 시대와 사회에 잘 적응하고 임기응변이 능한 사람이 유리할 것이다. 먼저 상대에게 관심을 가져라. 인간의 최대 관심사는 자기 자신이다. 따라서 상대방의 관심을 자신에게 돌리고 싶다면 먼저 상대방에 대해서 관심을 가질 줄 알아야 한다. 사적인 친구와 대화하듯이 친밀감 있는 태도를 보이며 상대방의 얘기에 열심히 귀를 기울이는 사람이 되라. 그 것이 상대방을 사로잡는다. 이러한 테크닉을 익힌 사람은 항상 많은 지지자를 얻을 것이다. 매일매일 자기 자신을 점검하고 세상에서 가장 찬란한 사람이 될 수 있도록 힘을 내어보자.

첫인상, 중요하다. 끝인상은 더 중요하다. 아름다운 자기만의 스타일이란 이와 같이 자연스런 것이다. 그리고 우리는 삶의 목적을 반드시 추구해 보아야 한다. 외모의 변신만으로는 미가 절대로 창조되지 않는다. 멋진 스타일이란 향기로운 내면적 미와 개성 있는 외모가 잘 어우러질 때 갖춰질 것이다. 그래서 매일 매순간 보여주는 당신의 행동 하나하나가 다리를 놓을 수 있고 벽이 될 수도 있다. 매일 매순간 진정성과 정직함으로 최선을 다하자. 많은 사람들은 외모를 중시하고 외모만으로 판단하고자 한다. 하지만 눈에 보이는 아름다움 보다 눈에 보이지 않는 내면의 아름다움은 시간이 흐를수록 진하기만 하다는 것을 알고, 매일 매일 자신을 점검하고 세상에서 가장 찬란한 사람이 될 수 있도록 힘을 내어 보자. 사람들은 가식적인 칭찬보다 진심에서 우러나온 칭찬을 듣고자 원한다.

원하고 꿈꾸는 것을 향해

꿈이 있으면 반드시 실현된다

미용의 길을 가더라도 미용인들은 서로 각자의 길이 조금은 다를 수 있다. 목적지를 향해 가는 도중에도 가는 방법이 여러 가지 있다는 말이다. 미용의 길에는 미용 조직 세계만의 특수성이 있다. 바로 미용인들의 화합이다. 미용인들은 하나로 뭉치지 못하면 망가지게 되어 있다. 그러므로 서로 밀어주고 보듬어 주는 자세가 절실히 요구된다. 서로 도와주자고 믿자는 개념이다. 남의 단점은 보지 말고 될 수 있는 한 좋은 면만 보고 발전해 가자는 것이다.

이 세상에는 두 부류의 사람이 있다. 한 부류는 자기 길을 가는 사람이고 다른 한 부류는 자기 길을 묵묵히 가는 사람에 대해 말하며 사는 사람이다. 쓸때 없는 이야기로 시간을 보내야 하겠는가? 오늘만을 생각하는 것은 아주 좁은 마음인 것이다. 다시 말해서 미용능력은 물론 다양한 방면까지도 자질과 능력을 갖춘 우수한 실력을 갖추기 위해서 자신과 싸워야하는 것이 남의 얘기로 허송세월해서는 안된다는 것이다. 그래서 앞만 향해서 가는 것이다. 생각을 깊이 하고 개인의 능력을 향상시키려 노력해 가는 것이야 말로 끝까지 버티면 반드시 처음보다 좋은 결과를 얻을 것이다.

여러 가지 미래를 준비하는 최선의 방법은 자기만의 미래를 만드는 것이다. 미래를 만드는 미용의 세계에서 지름길이란 없으므로 인생이란 언제나 변할 수 있다고 믿고, 자신들의 태도를 좋은 쪽으로 바꾸어 새로운 삶의 방법을 찾아 원하고 꿈꾸는 것을 향해 가는 것이다.

인생의 성공이란 목표를 이루는 것만이 아니라 과정마다의 행복이 병행되어야 한다. 그러므로 미용의 가치와 인생의 목표가 일치해야 한다. 또 제 본분을 다해야 된다는 말이다. 스스로 책임질 줄 알고 자신의 꿈과 목표와 가치와 전략을 잘 조화시킨 사람만이 미용에 대한 권한을 갖게 된다. 그러려면 미용을 통해 보고 느끼고 인내해야 한다. 우리의 삶에서는 미용뿐만이 아닐 것이다. 지름길을 찾는 사람에게서 프로는 탄생되지 않는다는 것을 우리는 알아야 한다. 지겨운 반복! 피나는 반복! 이것이 프로가 가는 길이다. 지름길은 정녕 없기에 미용의 길에서 망설이다가 발전의 속도를 따라가지 못하고 자기를 변명하고 비관만 하는 미용인은 실패할 뿐이다. 현재의 상황에서 창조적으로 살 수 있는 기회를 만들도록 하자. 내가 스스로 변화하고 미용철학을 확실히 갖고 있을 때 새로운 출발의 씨앗이 될 수 있다. 버리고 비우지 않고서는 새 것이 들어 설 수 없듯이 우리 미용인들은 끊임없는 노력이 필요하다. 그리고 결심한 목표를 단 한 번의 실패를 했다고 해서 포기하면 안 된다.

"인생을 가장 멋있고 지혜롭게 사는 방법은 될 수 있으면 많은 것을 사랑하는 것이다"는 말이 있듯이 남을 볼 때 나쁜 점보다는 좋은 점만이 자신을 성장시킬 수 있는 것이다. 우리의 인생에서 의미를 찾고 그것을 달성할 사람은 역시 자기 자신이다. 그리고 목표가 분명하다면 그것이 자기를 목표로 하는 곳까지 이끌어 줄 것이다. 자기의 희망과 꿈을 이루고자 하는 것은 바로 자기 자신이다.

렘브란트는 네덜란드의 유명한 화가이다. 사람들이 그에게 그림을 그리려면 어떻게 해야 하는지를 묻는 일이 많았다고 한다. 그때마다 그는 "어떻게 해야 하는지를 묻기 전에 일단 먼저 붓을 손에 들고 그리기 시작하라"고 충고했다고 한다. 우리 미용인들이 일을 시작하기 전에 오랫동안 고민하고 망설이다가 결국 아무 일도 못하는 사람들이 있다. 나역시 그런 경험이 있다. 글을 써야 한다고 결심만 하다가 쓰기는 쓰고 있지만 뜸 들이는 시간이 너무 긴 것이 탈이었다. 살다보면 어떻게 할 것인가로 고민하기보다 먼저 행동에 옮겨야 할 때가 있다. 이때에 가장 중요한 것은 자신이 무엇을 원하는지를 분명히 알아야 하는 것이다. 원하는 것이 분명해야 행동도 확실해 질 수 있기 때문이다. 그렇다면 어떻게 원하는 것을 분명히 알 수 있을까? 그것은 복표를 사시고 있느냐 없느냐에 달려 있다. 뜸을 들이더라도 행동으로 옮길 수가 있다는 것이 중요하다. 미용인생도 마찬가지이다. 자기가 무엇을 원하는지 분명하게 아는 사람은 그에 상응하는 목표를 세우고 정진해야 한다. 반대로 자칫 무엇을 원하는지도 모르고 목표도 없는 사람은 지리멸렬하고 황폐한 삶을 살아갈 수밖에 없다. 다음은 목표가 없는 인생에 성취동기가 있을 리 만무한 그 전형을 보여주는 한 가지 사례이다.

미용실을 직접 경영하다가 성이 다른 아이 둘을 둔 40중반의 미용인이 이혼을 하고 어느 미용실에 실장으로 근무하던 미용인이 있었다. 내가 처음 보았을 때 그녀는 화사한 미모를 간직하고 있는 것으로 미루어 젊은 시절에는 굉장한 미인이라는 찬사를 들었음직했다. 그러나 외모와는 달리 그녀는 우울증으로 괴로워하고 늘 표정이 어두웠다. 두 번의 이혼이 가져다 준 것은 상처와 좌절뿐인 듯 했다. 그녀의 아들은 사춘기를 지나면서 무지막지하게 속을 썩이는 듯했고 그녀 역시 변변하게 모성을 표출할 기회조차 없었던 게 분명했다.

미용실 근무중에 그녀의 아들이 전화해서 그녀에게 가끔씩 욕을 하고 끊는 걸 알게 되었다. 그 미용인은 경제적으로는 어느 정도 여유가 있어 보였다. 하지만 그것이 그녀의 삶에 의미를 가져다주지는 못했다. 단지 그때의 미용생활이 싫고 하루하루를 고통스러워했다. 그녀와 이런 저런 이야기를 해나가는 동안 문제가 무엇인지 조금씩 풀려나갔다. 그녀의 성장과정에서 그녀의 어머니가 조종자 역할을 했던 것이다. 그녀의 어머니도 이혼 경험이 있었고 그녀가 어렸을 때 아버지가 집을 나가 그녀를 자기 인생의 투사 대상으로 삼았었던 것 같다. 그녀의 어머니는 일이 풀리지 않으면 그녀에게 히스테리를 부렸다. 그런가 하면 무슨 일이든 그녀의 어머니가 원하는 대로 하지 않으면 당장 큰일이 났었다고 했다.

"넌 얼굴이 예쁘니까 내가 시키는 대로만 하면 원하는 자리에 시집가서 얼마든지 떵떵거리며 보란 듯이 살 수 있다. 그러나 네 멋대로 행동했다간 그 예쁜 얼굴 덕분에 신세 망치기 딱 알맞다. 그러니 이 엄마가 시키는 대로 해라"하고 어머니는 그녀를 윽박질렀다. 그녀는 말했다. 자기는 자기가 원하는 것이 무엇인지도 전혀 알 수 없었다는 것이다. 그녀의 미모 덕분에 반하는 남자들은 많았지만 진정으로 그녀가 원하는 것이 무엇인지 조차 알지 못한 채 상대방이 이끄는 대로 결혼하고 헤어지기를 두 번이나 했던 것이다. 중년을 넘어서면서 그리고 남자들의 관심에서 비켜서면서 비로소 그녀는 자기 정체성에 의문을 품기 시작한 것이다. 그리고 자기 삶의 무의미성에 놀라고 충격을 받아 우울증에 빠지게 되었다.

그 미용인은 자아실현의 욕구조차 갖지 못한 채 남이 조종하는 대로 살아온 불행한 사람이라고 할 수밖에 없다. 미용인생에서 자신이 원하는 것에 대해 분명한 인식을 갖고 있지 못한 것이다. 특히 우리 미용인들은 남이 자기를 어떻게 생각하는 지에 민감한 것 같다. 그래서 언제나 미용실에서도 습관적으로 다른 사람의 반응을 주시하곤 한다. 그리고 궁금해서 물어보고 싶어 한다. "나 어때? 나 잘 하고 있는 걸까?"하고 말이다. 이상하리만큼 다른 사람을 통해 남이 날 어떻게 보든 전혀 상관하지 않는 것도 문제이긴 하지만 그다지 남을 의식하면서까지 살 필요는 없다. 그리고 누구든 과거는 있기 마련이다. 빨리 그 과거로부터 나올 줄 아는 지혜를 알아야 한다.

나는 그다지 똑똑한 사람은 아니다. 하지만 노력하는 미용인이다. 실수도 하지만 더 이상 나올 실수가 없을 때까지 붙들고 늘어지는 형이라고 보면 된다. 인생이라는 경주에서는 가장 빠른 자가 이기는 것이 아니라 실패한 그 자리에서 가장 빨리 일어나는 자가 승리하는 것이다.

도전해라

인생길에서 특히 미용의 인생에서 순탄한 길만을 걸어온 사람은 거의 없을 것이다. 하지만 낙심하고, 좌절하고, 어려움이 닥칠 때 얼마나 인내력을 발휘하여 끈기 있게 노력했느냐에 따라서 그 사람의 성공 여부는 결정되는 것 같다. 인내는 쓰나 그 열매는 매우 단 이치와 똑같은 것이다. 우리 모두 오뚝이처럼 벌떡 일어서는 힘찬 날들을 열어 갔으면 좋겠다.

일생을 한 분야에 대한 열정과 고집스러움으로 채워온 사람들의 삶을 깊숙하게 엿볼 수 있는 기회가 있었다. 주어진 시간을 어떻게 쓰는가가 곧 미용인생이다. 그래서 최고의 교육은 추억을 만들어 주는 것이며 최고의 사랑은 그 추억을 공유하는 것인지 모른다. 마음으로 원하는 것을 생각하고 그 생각이 마음에 가득하게 할 수 있다면, 그것이 당신의 미용인생에 나타날 것이다.

술을 좋아하면 술친구가 많고, 춤 추는 것을 좋아하면 나이트장에 많이 갈 것이고, 책을 좋아하면 책 친구가 많아진다. "꽃밭에 뒹굴면 몸에서 꽃향내가 풍겨나고 시궁창에 발을 담그면 고약한 냄새가 뒤를 따르게 된다"는 말이 있다. 비슷한 것, 그러나 좋은 것을 끌어당겨야 그 인생이 향기로워진다. 감사하며, 충실하게, 행복하게 사는 것만이 미용인생에 최선이다.

여기 우리에게 친숙한 우화를 재해석하여 지혜를 일깨워주는 안목을 키워야 한다는 이야기가 있다. 어느 날 수탉 한 마리가 진주 한 알을 주웠다. 수탉은 이 진주를 보석상에 가져가서 이렇게 말했다.

"아름다운 진주죠. 하지만 제게는 아주 작은 좁쌀 한 알이 더 나아요."

한 무식쟁이가 소중한 원고를 유산으로 물려받았다. 그는 그 원고를 출판사에 들고 가서 이렇게 말했다.

"이건 아주 좋은 책이 될 거예요. 하지만 제게는 아주 작은 은화 한 닢이 더 나아요."

돼지 목에 진주목걸이라는 말이 있다. 귀한 것을 알아 볼 줄 모르는 사람에게는 아무리 귀한 보물도 하찮은 동전 한 닢보다 못하게 보인다. 소중한 것을 알아 낼 수 있는 안목을 갖추는 것은 세상을 살아가는 데 있어 매우 중요하다, 씨앗 한 알을 먹으면 그걸로 끝이지만 이것을 밭에 심으면 큰 수확을 얻을 수 있는 이치와 마찬가지이다.

〈노멀한 사람이 스페셜하게 성공하기〉중에서 나오는 '도전하라' 는 귀중하고 소중한 메시지를 소개한다. 가까이 두고 생각하지 않으면 후회할 내용이다.

앞으로 나아가 당신의 능력대로 최고가 되는 데 도전해라.

심신을 키우고 견문을 넓히는 데 도전해라.

보통 사람들보다 앞서가고 언제나 자신에게 충실하는 데 도전해라.

두려움을 극복하는 데 도전해라.

몸과 마음을 강하게 단련시키는 데 도전해라.

긍정적인 자세를 유지하고 언제나 에너지와 열정에 가득 차 있는 데 도전해라.

마음속의 장애물들을 극복하고 창조적으로 생각하는 데 도전해라.

승자다운 인격과 인성을 키우는 데 도전해라.

남에게 봉사하는 생활에 도전해라.

얼마나 멋진 충고인가! 가까이 두고 시간날 때마다 생각해 보도록 하자.

요즘은 미용대학 진학을 위해서 혹은 미용학문에 기여하고 싶어하는 미용인들을 주위에서 많이 본다. 한 번 정상에 올라가 본 사람이 또 다른 정상의 꿈을 꾸게 되듯이 새로운 인생에 도전하는 미용인이 많다. 반면에 요즘 미용인 중에는 미용의 일이 힘들어 도중에 포기 하는 사람이 많고 대학 졸업장은 있으나 졸업하고도 다시 남의 미용실에 취직하거나 미용학원을 다시 다니는 학생들이 아직도 많다고 미용실원장님들은 말한다. 허울뿐이고 내실이 없다는 지적인데, 학교는 미용교육의 질을 높여야 할 것이다. 교육자 입장에서도 성공했다고 해서 현재에 안주하지 말고 연구를 게을리 해서는 안된다. 미용대학의 혁신은 교육자의 자각밖에는 길이 없다. 변화의 핵심 동력은 역시 교육자이므로 교육자가 먼저 스스로 경쟁력을 높이기 위해 움직여야할 것이다. 미용대학을 나오고도 다시 미용학원을 다닌다는 것은 가정적으로나 사회적으로 커다란 낭비. 미용인들도 신중히 생각하며 대학 공부를 해야 한다.미용의 일에 학벌은 중요하지 않다. 그러나 성공의 기회와 학벌은 연관이 된다. 매일매일 시간을 쪼개 어렵게 미용공부를 하는 제자들에게 말하고 싶다. 모든 생각과 행동을 목표달성에 집중하기 위해서는 기본적이고 일상적인 시간마저도 계획적으로 이용하라. 그리고 진짜 성공을 원한다면 인간적 접촉을 빈도를 높여야 한다.

인생으로 본 헤어문화

인생은 선택하는 것

인생은 마음먹기에 달렸다고 했다. 그리고 생각하는 대로 된다고 했다. 본인은 절실히 동감한다. 결론부터 말하겠다. 분명 인생과 미용은 같다. 사람이 살아가는 것은 어쩌면 끝없는 선택의 과정이라고 할 수 있다. 판단력이 없는 미용인들도 자기가 하기 싫으면 하기 싫어하거나 불편하면 그만둔다. 그것도 자기에게 편한 것을 선택하기 위한 몸부림이다. 미용의 일을 하겠다고 하는 것도 선택하는 것이고 어느 미용실에서 근무를 할 것인가를 골라가는 것도 선택이고 자기가 좋아하는 것은 역시 '선택' 의 하나이다. 자신이 다니는 미용대학도 자기가 공부하는 학과나 전공도 선택에 의해 결정되는 것이다. 애인을 사귀거나 인생을 같이 살아갈 사람과 결혼하는 것도 선택에 의한 것이다. 마찬가지로 미용의 일을 하며 살아가는 것도 모두 선택의 과정이다. 이것은 우리가 미용

재료상에서 미용도구를 구입하는 것과 같이 아주 단순하고 일상적인 선택과 똑같은 과정을 거친다. 이러한 선택에 따라 사람의 사회생활이 시작되고 생활과 행동이 갈라지게 된다. 또한 그 선택이 잘되었느냐 잘못되었느냐에 따라 인생을 성공적으로 살아가느냐 미용인생을 즐겁게 살아 갈 수 있느냐가 좌우된다. 요즘처럼 생존경쟁이 치열하고 권모술수가 난무하는 세상에 살아가고 있는 현대인들 중에는 2세를 어려서부터 미용일을 가르치려는 사람들이 늘고 있다.

우리 미용인들의 삶은 때때로 고달프다. 그러나 나이를 먹으면서 미용의 일을 한다는 것이 얼마나 행복한 일인지 알아야 한다. 우리가 느끼지 못 할뿐이지 미용을 하면서 젊음이나 돈보다 더 행복한 일이 미용의 일인 것이다. '인생과 미용의 길이 똑같다' 라고 말을 할 수 있는 것은 사람들이 매일 머리를 손질해야 아름다운 머릿결을 유지할 수 있듯이 인생도 마찬가지라고 생각한다. 자기의 인생을 스스로 잘 만들면 멋진 인생을 누구나 살 수 있다. 즉 헤어는 곧 자기표현이다. 헤어스타일은 그 사람의 생각, 정서 등 모든 것을 보여주기도 한다. 헤어의 표현은 그 사람의 귀중한 가치기준이므로 인품의 평가가 달라질 수도 있다. 그래서 자신과 상대를 소중히 여기는 겸손함도 배우게 된다.
인생을 물로 많이 비유하는데, 저자도 물로 미용 인생을 표현해 보겠다. 물은 빨리 흐를 때는 빨리 흐른다. 그리고 폭포가 되어 떨어질 때는 웅장하게 떨어진다. 미용의 기술도 마찬가지이다. 기술 배우는 데 전념을 하면 끊임없는 반복연습으로 급속히 기술이 향상됨을 알게 된다. 그리고 고여 있을 때는 하염없이 고여 있다. 미용기술을 배울 때도 기술 익히기를 게을리 하게 되면 좀처럼 기술이 늘지 못하고 스스로 슬럼프에 빠지게 되곤 한다. 인생도 미용도 물과 같아서 힘차게 떨어질 수 있을 때 그야말로 백점짜리 라고 할 수 있다.

다시 말해서 열심히 미용 일을 하다 보면 자기도 모르게 미용기술은 점차 늘게 되고 자신에게 닥친 문제들을 하나씩 풀어 나갈 수 있는 능력도 생기게 되고 활력이 넘치는 성공된 삶을 살아 갈 수 있게 되는 것이다.

미용 일을 하면서 돈에 집착을 하지 말고 꿈과 희망을 버리지 않고 위기를 기회로 만들어가는 도전정신과 육체적인 에너지를 유지하는 것이 성공하는 미용인의 자세이다. 욕심을 부리고 순리를 역행하려하면 문제가 생기고 미용의 길에 길게 가지 못하고 나중에는 스스로 미용을 포기하게 된다. 급하게 먼저 성공하겠다고 가로질러 앞으로 나아가려는 사람을 상상해보라.

그들은 내가 지켜본 경험으로 모두가 실력이 부족하여 주위사람들의 눈치를 보거나 생명력이 짧아서 아무리 높은 위치에 있다하더라도 금방 말썽을 일으킨다. 남이 보아도 지나치지 않고 모자람이 없도록 부단히 노력하는 것과 서두르지 않고 게으르지 않게 미용 인생을 살아야 미용을 하면서 기쁨을 느낄 수 있는 것이다.

복식

복식이란 머리에서부터 시작해서 신을 신는 일로 끝내는 것을 말한다. 복식의 풍속은 식생활이나 주생활과 함께 기층문화의 핵심 일뿐만 아니라 예절이라 할 수 있다. 그러므로 인간의 생활 풍속 중에서도 가장 중요한 위치를 차지하는 것이 복식이다. 한 가지 정말 조심할 것은 옳은 시작이 아닌데 평화롭고 편안할 때인 것이다. 옳은 시작이 아닌데 옳은 방향이 아닌데도 아무런 긴장이 없다거나 정신적으로 무감각 상태에 이른다는 것이다. 여성의 심리는 늙어도 아름답고 싶은 욕망이 있다. 물론 최근에 두드러지는 큰 변화는 과거의 남성 소비자들은 두발관리와 면도 등을 위해 주로 이발관을 이용하여 왔으나 1980년대 이후 남성의 외모에 대한 관심이 증가하면서부터는 미용실에서의 서비스를 선호하기 시작했다. 헤어 커트와 파마 서비스는 물론 피부 관리와 두발 마사지 등 얼굴의 관리를 해주는 서비스가 젊은 남성들을 중심으로 유행하였다. 남성전용 미용실에서 남성들은 더욱 전문화된 미용 서비스를 받을 수 있다. 요즘 남성들은 좋은 옷차림이나 화장, 다이어트, 성형 등을 통해 신체를 포장하고 사회적 인정과 개인적 자신감을 높이고자 한다. 미용서비스 시장에서도 헤어스타일과 두발관리 서비스에 대한 남성 소비자 수요가 급증하고 있는 실정이다. 남성들의 외모에 대한 관심이 점차 커지고 있는 상황에서 헤어스타일이 중요한 부분을 차지하는 것은 분명하다.

미용기술을 습득하는 과정에서든 학문을 쌓는 과정에서든 시간과 인내가 필요하다. 나쁜 일에 빠져드는 데에는 시간이 걸리지 않지만, 자기발전을 하는 데에는 상당한 인내가 필요하다. 좋은 것일수록 그것을 얻는 데에는 긴 시간이 필요한 법이다.

시간과 인내만 필요한 것이 아니다. 혼(魂)을 담은 정성과 노력이 필요하다. 좋은 것도 너무 쉽게 얻으면 가벼이 여기기 쉽다. 쉽게 얻을수록 쉽게 잃고 쉽게 무너진다. 여러 방면에서 일하는 일인자들이 한결같이 주장하는 것이 있다. 그것은 바로 자연스러움이다. 인생에서 기회는 자주 찾아오지 않는다. 미용인의 행동은 나중에 긍정적이든 부정적이든 간에 일생에 강한 영향력을 발휘한다. 사람과 사람 사이에서 마음의 통함과 만남이 언제 어떤 모습으로 다가올지 모르는 것이다. 인생을 살면서 특히 미용을 하면서 같은 미용의 길을 함께 가는 친구가 있다는 것은 자랑거리이며 자산이기도 하다. 다시 말하면 마음이 통하는 미용인을 만난다는 것은 축복이다. 좋은 사람과 함께 하는 것이 얼마나 즐거운 순간인지 알고 있는 사람은 다 알고 있다. 인생여행 중에 좋은 친구 하나 얻는 것이 제일 큰 행복일 것이다. 사람은 사람을 통해 배우고, 느끼고, 채워지고, 바뀌게 된다. 서로의 모습을 조금씩 닮아가며 더욱 아름다운 삶을 사는 것이다. 지나친 두려움은 사랑 앞에서 주저하게 되고, 지나친 자신감은 우리가 극복해야 할 위험들을 생각하지 않게 한다. 두려움과 자신감은 마치 두 자매처럼 함께 가야 한다. 우리 자신이 지나치게 두려움에 싸일 때는 자신감을 가지도록 노력해야 하며, 지나치게 자신감으로 차 있을 때에는 다소 소심해지도록 해야 한다. 사랑은 사랑하는 대상을 향해 간다. 그러나 사랑은 앞을 보지 않는다.

없는 시간을 만들어서라도 미용공부 모임을 만들어 보자. 결코 시간낭비가 아니다. 미용공부를 열심히 하다 보면 어느새 자기 인생은 근사하게 바뀌게 된다.

6장

이제는 달라져 보자

지나치게 앞뒤를 살피지 말아라.
준비가 되었으면 행동에 옮겨라.

더 이상 알려고 하지 말아라.

-세익스피어의 인생에 대한 조언-
〈맥베드〉 4막 1장

변화에는 두려움을 넘어서야 한다

마음의 병

우리들은 시작도 해 보지 않고 후회하는 일이 있다. 일단 시작해 보면 좋은 것, 나쁜 것이 저절로 걸러지는 법이다. 변화는 두려움의 본질보다 작은 것이다. 최근 기업에서는 병가를 내는 숫자가 현격하게 줄고 있지만 공포와 관련된 장애와 우울증, 탈진 등 심리적 질환의 비율은 증가하는 추세에 있다고 한다. 많은 논문들은 모든 병가의 40% 이상이 심리적인 요인으로 발생한다고 밝히고 있다. 모든 직장인들의 약 30%가 심신의 병을 앓고 있다고 한다. 다시 말해서 심리적인 결손으로 인해 육체적인 질병을 앓고 있는 것이다.

미용의 일을 하면서도 가장 무서운 것이 마음의 병이다. 우리는 두려움을 극복하는 데 성공할 때 비로소 자유로움을 느낄 수 있게 된다.

최근에 있었던 일이다. 미용인인 내 친구 하나는 살기 힘들다고 잠도 잘 안 온다면서 전화를 해왔다. 그 친구는 인간관계도 서서히 무너져 가고 있어 보였다. 두려움은 사람들을 좁은 울타리에 가둔다. 이런 마음의 병은 그동안 미용에서 평생 쌓은 공든 탑도 금방 사라지게 만들기도 한다. 모든 성공의 제일 법칙은 목표는 크되 시작은 작게 하고 꿈은 원대하되 작은 일부터 충실히 하는 것이다. 그래서 먼저 변화를 시작하려면 부정적인 생각을 억제할 수 있어야 하고 부정적인 생각에 사로잡히지 않도록 주의를 기울여야 한다.

성공과 실패는 순간순간의 연속에서 어떤 선택을 하느냐에 달려있다. 다시 말해서 살아가면서 순간순간의 전환점을 어떻게 맞이했다는 사실로 성공이냐 실패냐가 결정된다. 그래서 전환점 앞에 변화가 두려워 모든 것을 포기하진 말고 인생의 전환점을 좋은 기회로 연결시키는 미용인이 되어보자. 우선 목표는 크되 시작은 작게 하고, 꿈은 원대하되 작은 일부터 충실하게 하는 것이다. 모든 성공의 제일 법칙이다.

스스로 포기하는 자는 하늘도 대책 없다. 미용실 안에서의 겪게 되는 특징 중 하나는 각계각층의 손님을 많이 만날 수 있다는 것이다. 전환점의 신호인 만남의 기회가 많다는 것이 너무 좋다. 전환점의 계기가 되는 특별한 만남은 특이한 에너지를 만들어서 그 사람을 한 단계 높게 만든다. 좋은 것은 더 발전시켜야 하며 나쁜 것은 바로바로 걷어내어 더 좋은 것으로 바꿔가는, 그런 스타일이어야 후회 없이 미용의 길을 갈 수 있다고 생각한다.

미용인으로 유명하지 않더라도 조용히 미용생활하면서 자기 나름대로 열심히 살아온 미용인이 많다고 생각한다. 미용세계에서 눈에 띄지 않는 생활을 하더라도 그 미용인이 행복하다고 느낀다면 그 사람은 성공한 것이라고 할 수 있다. 만남은 한 사람의 인생행로를 바꿔놓을 수도 있다. 그렇게 소중한 만남이기에 때문에 우리들은 언제나 진지해야 할 것이다. 특히 미용인들은 여러 계층의 사람들을 만나곤 한다. 그 중에서 조금은 특별한 사람을 만난다는 것은 그만큼 당신의 삶이 발전하고 있다는 증거일 수도 있다.

실제로 미용실에서 남자 커트하러 온 손님을 인연으로 만나 부동산 재테크에 큰 도움을 얻었다며 행복해하는 헤어디자이너를 보았다. 그 뿐만 아니라 파마하러 온 동네 사는 분인데 마치 친자매 이상으로 사이좋게 지내는 미용인도 보았고, 손님으로 오신 대학교수님을 만나 공부하는 도움의 길을 배워 대학 강단에 강의하는 미용인도 보았다.

노고의 가치는 사려 깊은 사람과 늠름한 사람을 만들어주기도 한다. 편안하고 좋을 때 웃는 거야 누군들 못하겠는가? 어렵고 힘들 때, 바쁘고 각박할 때 짓는 웃음이어야 더 빛이 나는 법이다. 감사와 기쁨의 샘물이 내 안에 흐르면, 어렵고 힘들어도 더 크게, 더 밝게 웃을 수 있다.

진정한 미용인은 자기가 자기를 놓아주는 것이다. 자기가 자기를 집착하여 너무 꽉 붙잡고 있으면 도리어 자기를 잃게 되고 자기를 잃으면 명예, 부귀, 시간, 권력을 많이 쥐고 있어도 진정한 자유를 얻지 못하게 될 것이다. 참으로 자유로운 미용인만이 행복해 질 수 있는 것이다.

진짜 자기의 모습을 찾고 이해하고 알아가는 과정을 곧 성숙이라 하겠다. 그리고 세상은 보려는 미용인에게만 보이게 돼 있다. 모든 걸 새로운 눈, 새로운 감각으로 보아라.

나는 미용 인생을 살면서 아무리 좋은 일이 있어도 마음의 평정은 한결같이 잃지 않다. 이상적인 자신의 모습을 이미지화 하고 거기에 근거한 행동을 되풀이 하면서 정말로 그렇게 될 것이라는 강한 믿음이 생겼기 때문이다. 외부의 자극에 의해서 수시로 변화하는 것이 우리 사람들의 감정인데 마음은 신기루와 같은 것이라서 하루에도 몇 번씩의 생각이 왔다 갔다 한다. 감정의 3법칙은 긍정, 부정, 조화라 하는데 동기, 원인을 잘 관찰할 줄 알아야 하겠다. 우리는 내적인 결핍에 집착하게 된다. 결핍감이 있으면 외부에 영향이 크다. 사랑을 듬뿍 받은 사람은 외부 영향에 받지 않듯이 사람은 순한 구석이 있어야 하는 것이 인간관계의 바탕이다. 겉모습은 비슷해도 일류와 이류는 전혀 다르다. 일류 미용인과 접하다 보면 어느 날 갑자기 그 차이를 확실히 알 수 있다. 그러면 우리는 마음의 병에서 스스로 벗어나 미용의 진정한 성공을 알 수 있다.

모든 사물을 객관적으로 보라

몇 살에 어디서 미용을 배운 것이 중요한 게 아니다. 어떤 미용교육기관에서 어떤 교육을 받았건, 배운 것이 중요한 게 아니고 미용의 일을 얼마나 즐겁게 하는가가 미용인들의 궁극적인 목표이다.

현재 품고 있는 미용의 꿈이 중요한 것도 이 때문이다. 지금 안하고 내일로 미루고 다른 사람에게 미루는 사람은 말이 많다. 말이 많다는 것은 성공에 믿음이 없고 걱정이 많다는 것이다. 미용기술을 한참 배우는 과정일 때 누구나 겪어 본 경험이 있을 것이다. 손님의 머리를 만지는 순간에도 걱정이 많다는 것은 생각에 휘둘리고 있을 때이다. 다른 생각을 끊고 머리만지는 두려움을 넘는 길은 자신이 하는 것이다. 지금하는 일에 충실할 때 미용인에게는 각종 구원이라는 선물이 보장된다. 일을 미루는 사람의 삶은 후회와 원망이라는 정확한 대가를 치른다. 온 힘을 다해 미용 일을 그려가는 것이 자기만의 미용인생이다. 미용의 일에서 집중력과 끈기는 실력의 바탕이 되는 것이다.

철저한 시간관리의 필요성

미용인들 누구에게나 가장 공평하게 주어진 것이 바로 시간이다. 시간은 어떤 누구도 마음대로 바꿀 수 없다. 따라서 모든 사람들은 시간의 지배를 받게 된다. 결국 미용인도 한정된 시간에서 활동을 하게 된다. 따라서 미용인생의 전제 조건인 시간을 잘 관리하는 미용인이 경쟁에서 승리할 수 있고 미용인생을 성공적으로 살아갈 수 있다. 미용인들도 하루 24시간을 거의 습관적인 행동으로 소비할 때가 있다. 그러나 시간은 절대로 누구를 기다려 주지 않는다. 어떤 사정으로 봐 주지도 않는다. 같은 시간인데도 어떻게 사용하느냐와 어떤 목적으로 활용하느냐가 어떤 시기에 어떻게 승패를 좌우할 수 있다. 미용기술 습득에 얼마나 많은 시간을 투자했느냐가 승패를 가늠하게 된다는 말이다. 미용분야에서는 가장 많은 시간을 들여 반복적으로 연습을 많이 해서 숙련되어 능률이 높아지게 된 미용인이 실적을 많이 올리게 된다. 또 오랜 기간 미용의 일에 종사하게 되면 많은 경험을 쌓게 되어 전문가가 될 수 있고, 그 전문성을 바탕으로 새로운 것을 생각하고 제안하기가 쉬워진다. 미용은 자기가 오래 종사해 오랜 경험을 바탕으로 숙련되어야 진실로 새로운 미용 개발을 통해 새로운 미를 창출할 수 있다.

특히, 창의성을 강조하는 요즘의 경향으로 개성 있는 아이디어로 승부하는 치열한 경쟁이 벌어지고 있는데, 이 또한 오랜 경험과 숙련의 과정을 거친 미용인이 결국 승리자가 될 것이 자명하다.

미용 산업은 미래를 생각해 두고 준비가 철저한 미용인만이 승리할 수 있는 것이다.

당신은 지금 대학생?

고생고생해서 대학에 들어간 이상 미용에 관한 모든 것을 흡수해서 당신의 것으로 만들라. 나의 제자 중에 나이가 25살이고 군대를 갔다 온 후 택배회사에서 물건을 배달하는 일을 하다가 온 학생이 있다.

"교수님 저는요. 제가 대학에 다니게 될 줄은 꿈에도 몰랐어요. 저는 지금의 제 모습이 너무 좋아요. 행복해요."

그 남학생이 하던 말이다.

얼마나 단순하고 순수하며 대견한 말인가? 처음엔 그 학생이 수업시간에 파마 마는 모습이 어색했었다. 그러나 이젠, 큰 미용대회에 나가서

상을 탈 정도로 성장했다. 중요한 건 감사하며 자신의 일을 즐길 줄 알아야 한다는 것이다. 우승을 목표로 생명을 다해 뛰는 사람과 완주를 위해 목숨을 바칠 각오로 뛰는 사람과는 어떤 의미에서 동일하다. 모든 대학의 미용과 학생들은 아무리 이름이 유명하지 않은 대학이라고 할지라도 상당히 우수한 미용인이다. 미용 일을 한다는 자체만으로도 자부심을 가져라. 미용의 일에서 최고가 된다는 것은 언제 어디에서도 노력과 재능이 없으면 좀처럼 이룰 수 없는 법이다.

자신의 일생 중에서 무언의 채찍과 너그러운 사랑을 동시에 보내 주는 한 사람을 만날 수 있는 것은 큰 행복이다. 나는 미용인 출신이다. 전국에 있는 미용 대학생들과 미용실에서 근무하는 모든 미용인과 미용에 관련된 일을 하는 젊은이들에게 이렇게 말하고 싶다.

"포기만 안 하면 된다" 나는 솔직하게 나의 경험을 통해서 미용 일을 하는 모든 과정에서 겪게 되는 갈등과 위기, 도전과 해결의 과정을 나름대로 경험해 보았다. 지금 당신의 모습을 보라!! 미용이 인생의 목적이 될 수는 없다. 미용 일은 자신의 행복을 보장하고 연장하는 수단이 되어야 한다. 이것이 곧 미용인의 인생이다.

당신도 못 할 이유가 없다. 꿈이 있으면 반드시 실현된다.

성공하는 미용을 꿈꾸는 많은 젊은이들에게 여러 생각의 모티브를 마련해 주는 계기가 되길 바란다. 중요한 건 지금 자신의 미용철학을 자각해야 한다는 것이다.

교양 쌓기

교양이란 '자제력'이다

'자제력'은 훌륭한 덕목이다. 그리고 미용과 자기완성을 위해서 노력해야 할 것이 교양쌓기이다. 미용의 기술이 다양하면 좋다. 그러나 기술이 아무리 좋아도, 품행이 올바르지 못한 미용인은 자신을 유지할 만큼의 지혜가 없다. 자제를 못하는 이유는 자기를 통제하는 능력이 결여되어 있기 때문이다. 간혹 주위에서 자랑이 많은 미용인을 만나게 된다고 보자. 미용기술은 자기 개인의 노력과 의지에 달려 있다. 열심히 노력하는 미용인들을 지켜 봐 왔는데 그런 미용인들은 반드시 좋은 결과가 있었다. 결국 미용인생의 게임에서는 능숙능란한 사람보다 서툴지만 성실히 노력하는 사람이 성공한다. 따라서 미용인은 스스로 교양강좌에 참가하는 일에 신경을 써야 한다. 교양강좌는 자기발전에 매우 중요하다. 사람들을 만나서 하는 모든 언행이 결국은 나에 대한 평가로 이어지게 된다. 자신의 실수가, 하나의 잘못된 행동을 만들기도 한다. 자신에 대한 평가는 다름 아닌 자기 자신이 만들어 가는 것이다. 이런 생각들을 하다 보면 나의 행동 하나하나에 더욱 신경 쓰게 되고 더욱 조심할 줄 알게 된다.

가끔 미용강의를 듣다 보면 다른 사람의 눈에 띄고 싶어서 안달을 하는 미용인이 이렇게 질문을 하는 모습을 볼 수 있다. "나는 선생님의 작품이 별로인 것 같아요. 나는 이렇게 머리를 했는데 이것이 잘못된 건가요?" 자신의 의견을 장황하게 늘어놓은 다음 마치 도전이라도 하는 듯이 함부로 말을 한다. 주위의 다른 미용인들이 그렇게 말한 미용인을 쳐다보며 지긋지긋해 하는 것도 전혀 모르고 깨닫지도 못한다. 정말로 슬픈 일은 그렇게 말한 미용인은 사람들이 쳐다보며 지긋지긋해 하는 것도 전혀 인식하지 못한다는 사실이다. 세상에는 수많은 생각들이 존재하며 존재할 수 있다는 것을 깨닫지 못했기 때문이다. 흑과 백이 아니라 숱하게 많은 다른 면을 각자의 눈으로 볼 수 있어야 하는 것이 미용인생의 공부이다. 스스로가 성장할 수 있도록 하고 노력하는 미용인은 매력이 있다. 아무리 미용기술이 좋거나 나이를 먹어도 매력이 없는 미용인은 성장하지 못한다. 매력 있는 미용인은 생각도 유연하고 독창성이 있다. 남의 미용기술이 괜찮다 또는 아니다를 따지기부터 하는 미용인은 절대 성장하지 못한다.

그리고 미용 일을 하면서 조심해야 할 것은 남을 험담하는 것이다. 험담은 자기 입에서 나와 다른 사람을 향해 비수처럼 날아간다. 그 칼끝은 돌고 돌아 반드시 자기에게로 되돌아온다. 험담을 하지마라. 남에 대해 이러쿵저러쿵하는 것은 자신의 가치를 떨어뜨리는 것이다.

미국 역사가인 조지 밴크로프트는 대사전(The International Dictionary of Theought)이라는 책에서 다음과 같이 말한다. "주변 사람들의 성격과 생활을 자신의 유일한 재미로 삼는 이들과 진실은 그다지 중요한 것이 아니다." 그는 험담의 동기를 이해했던 것이다. 험담을 피하고 타인에게 친절을 베풀어라. 타인의 명성을 훼손해서 당신의 명성을 쌓지는 마라. 이는 인격을 형성하는 데 도움이 되지 않는다. 타인을 헐뜯느니 차라리 아무 말도 하지 않는 것이 낫다. 더 조심할 것은 다른 미용인이 한 험담을 옮기는 것이다. 유능한 사람은 내적인 교양을 쌓는다. 그렇게 노력하는 모습을 보면 숙연해지는 마음이 든다.

"세상에는 이런 교양 있는 사람도 있구나!"하고 크게 놀라는 경험을 될 수 있는 대로 많이 가져야 미용인은 마음이 더욱 풍요로워지는 것이다. 참으로 여러 가지 생각을 가진 미용인과 참으로 다양하게 살아가고 있는 미용인이 상대방의 가치관을 순순히 인정하는 것이야말로 미용인생의 공부가 될 것이다. 미용인의 의견이나 가치관이 서로 다른 것은 얼마든지 상관이 없는 일이다. 단 한 가지해서는 안 되는 일은 '상대방의 생각과 기술이 잘못되어 있다' 라고 막무가내로 밀어 붙이는 것이다. 이는 교양 없는 짓이다. 어째서 자신의 미용기술만 최고라고 생각하는지 정말이지 한심하기 짝이 없다는 생각이 든다.

자신과의 경쟁

가치가 있는 미용인생을 살기 위해서는 미용 일에서 오는 고통을 기꺼이 감수해야 한다. 여기에 인내력과 자신감을 더하면 더 좋은 결과를 얻을 것이다. 어떻게 생각하면 미용 인생의 모든 면은 자신과의 경쟁과 연관되어 있다. 미용은 인내를 요구하는 일이니까 말이다.

자신과의 경쟁만이 자기 발전을 낳는 미용행위인 것이다. 미용기술의 발전을 위해 끊임없이 노력하면서 스스로 성장하는 것은 가장 이상적인 형태의 경쟁이다. 미용의 일을 하면서 가장 최선을 다한 상황을 생각해보자. 그 이전 보다 더 업그레이드하려던 그때가 힘이 되었을 것이다.

나의 경우는 자신과의 경쟁을 위해 산에 간다. 수원에 있는 칠보산인데 2시간 정도면 산행이 끝난다. 그 산은 능선이 완만해서 노약자나 여성들에게 편안한 산이다. 요즘은 기능장자격증반에서 공부하는 것과 서울에서 대전까지 출퇴근하기 때문에 시간이 정말로 없다. 책 쓰는 일과 이런저런 핑계로 산엘 못가고 있으나 책이 마무리되면 산에 다시 열심히 다닐 예정이다.

2년 전에 박사 논문 쓸 때에 너무 힘들어 포기하고 싶었을 때에는 거의 하루가 멀다 하고 비가 오나 눈이 오나 산에 가는 것으로 나와의 싸움을 했고 마음을 달래곤 했었다.

이 이야기와 미용 일로 성공하는 인생과 무슨 상관이 있을까? 미용인생에서 산과 방금 이야기한 박사논문과 책(미용에도 철학이 있다) 쓰는 일 그 각각에는 나름대로의 가치를 지니고 있다. 우리 미용인생에도 각자 자신의 잠재력을 이끌어내는 데 도움이 되는 요소들이 필요하다. 따라서 미용인은 생각하고 말하고 느끼는 모든 것에 항상 스스로도 책임져야 한다. 그리고 미용인은 스스로에게 일어나는 일들을 선택한 힘을 가지고 있다. 우린 종종 자신의 현재 모습이 원하는 모습보다 못하다며 스스로 낙담하지는 않는지 모르겠다. 그러나 중요한 것은 자신의 능력에 신념을 갖고 스스로를 믿는 것이다. 미용에서 성공은 보다 강한 자아개념을 구축할 때 시작되는 것이다. 그래서 경쟁자는 바로 자신이다. 즉 미용의 꿈을 이루고 목표에 다다를 수 있으려면 인내만이 필수적이다.

몇가지 원칙

규칙을 나름대로 이해하면 미용인생이라는 과정은 커다란 기쁨을 가져다 줄 수 있다. 미용인생이라는 과정에서 성공하는 데 도움을 줄 수 있는 몇 가지 나만의 원칙이 있다. 각각의 원칙은 아주 단순하다. 또 더 이상의 설명이 필요하지 않을 만큼 강력하다. 우리 미용인이 생각을 글로 정리한다는 것은 이미 생활철학으로 자리 잡는 영원한 기록이 될 수 있다.

〈미용에도 철학이 있다〉는 이 책도 마찬가지로 IMF시절인 10년 전부터 기록 했던 일기장에 나오는 내용이며 박사논문 쓸 때에 느끼고 마음으로 아파해서 나를 성장시켜주었던 내용들이다.

이렇게 생각을 글로 정리하는 것은 바로 당신을 성공으로 이끌 것이다.

참고로 1번의 원칙은 IMF 시절, 그 힘든 상황에서도 나를 대학원에 입학할 수 있도록 힘을 주던 글이다. 그때의 마음가짐은 지금도 전율이 생길 정도이다.

1. '무리'라는 벽을 넘지 않으면 강해질 수 없다.
2. 아무리 슬픈 눈물도 언젠가는 마를 날이 온다.
3. 나는 멈춰서지 않는다.
4. 변혁이란 행동이다.
5. 아무리 좋아지더라도 정신이 팔려서는 안 된다.
6. 자신의 일에서 프로가 되라.
7. 보이는 것을 보지 말고, 볼 수 없는 것을 보라.
8. 예쁘고 유명하고 돈 많고 온 세상의 여자들이 동경하는…나는 그런 사람이 될 거야.
9. 하루하루를 소중하게 보내서 후회 없는 인생을 살자.
10. 나중에 후회할 때 누구에게도 책임을 묻고 싶지 않으므로 살아가는 방법은 스스로 결정하고 싶다.
11. 내 꿈은 내가 만드는 거야.
12. 행동하는 사람으로 사색하고, 사색하는 사람으로 행동하라.
13. 가족의 사랑이 있다면 세계를 정복할 수 있다.
14. 인생에서 가장 중요한 것은 돈으로 살 수 없다.
15. 판단하지 마라. 차별하지 마라.
16. 시작한 일은 끝을 맺어라.
17. 책임을 져라. 창조성과 인내력을 키워라.
18. 물질보다는 사람을 소중히 여겨라.

19. 글을 써라.

20. 샤워를 할 때 노래를 불러라.

21. 즐거운 기분을 가져라. 많이 웃어라.

22. 기도를 자주하라.

23. 스스로를 자랑스럽게 여겨라.

24. 정신적인 휴식을 취해라.

25. 서로를 완전히 소유할 수 없다.

26. 사람을 시험해 볼 줄 알라.

27. 마음과 성격을 파악하는 것이 중요하다.

28. 생각과 동시에 행동하라.

29. 상대를 바꾸기는 힘들다. 동의해 주라!!

30. 용서해 주는 것이 오히려 통제할 수 있다.

31. 삶의 방향키를 과감히 돌려보자.

32. 자기의 내용을 좋게 하라.

33. 나는 내가 멋있다!!

34. 서로 다름을 인정하자.

35. 집착하는 쪽이 더 괴로운 것이야.

36. 실수와 미숙한 것은 노력밖에 없다.

37. 마음에 영혼을 셋팅해 놓았다!!

38. 헛되지 않은 일이 무엇이랴?

39. 살면서 뭔 일은 없겠는가?

40. 하나하나가 모두 감사하다.

41. 분명 더 나은 내일을 위한 과정일뿐...

42. 뜨거운 열정이 삶의 내용을 바꿔 놓는다.

43. 진정한 나는 누구인가?

44. 스쳐 지나가는 것들…

45. 대포 속에서도 꽃은 피어야 한다.

46. 기회란 찾으려고만 하면 기어이 오고야 마는 법이다!

47. 다른 분야로 옮겨라. 자신에게 맞는 일을 찾아 나서라.

48. 미인은 타고 나는 것이 아니라 만들어지는 것이다.

49. 특이한 사람을 만난다는 것은 그만큼 당신의 삶이 발전하는 것이다.

50. 기본기는 어느 분야를 막론하고 필수조건이라고 생각한다.

중요하다고 생각되는 원칙은 무엇이든 추가해 보라. 올바른 방향으로 계속 지향하기 위해 다이어리에 기록했던 것들이다. 미용인들에게 순조로운 여정이 되길 바란다!

외국어 공부하기

느낌으로 시야를 넓히자

돈과 여유가 있고 그 모든 것을 쏟아 공부에만 열중한다면 누구나 학자가 될 수 있다. 그러나 미용인들은 참된 학문과 생활 능력을 얻기 위해서는 미용의 일을 하면서 학문에 임해야 한다. 그래도 외국어에 많은 관심을 가지고 노력을 하면 좋을 것이다. 미용인생에서 대관소찰하자는 의미이다. 대학교에 가는 진정한 이유는 시야를 넓히고 감정을 풍부하게 하며 스스로 사물을 판단하는 힘을 기르기 위해서이다.

힘을 기르기 위해서는 미용기술에 외국어까지 하면 그야말로 금상첨화이다. 새로운 시대에 걸 맞는 행동을 위해 외국어 공부하는 습관을 들여보자. 길게는 10년이란 법칙을 믿고 실행해보는 것이다. 물론 2년 안에 급속히 발전해 영어를 잘 하는 사람도 보았다. 우리의 미용을 세계에 뻗쳐 나가보자는 의도가 그를 단기간에 영어도사로 만든 것이다.

우리들이 평소에 사용하는 어휘력과 어휘량이 소득과 비례함을 명심하자. 요즘은 외국어 열풍이 하늘을 찌른다. 중국어부터 일본어, 영어까지 나이 어린 유치원생부터 60세가 넘은 어르신들까지 남녀노소를 막론하고 외국어 공부를 대단히 열심히 한다. 나의 개인적인 생각이지만 외국어를 잘하는 사람들을 보면 엄청 부럽다. 외국어 중에서 특히 영어를 잘하는 사람들은 외국에 나가게 되면 인생의 새로운 묘미를 느끼며 사는 것같아 보기에 좋아 보인다. 입고 싶은 옷을 사기 위해서는 외출의 즐거움을 기꺼이 바쳐야 한다. 그리고 건강한 몸을 유지하기 위해서는 새벽의 단잠을 바치기도 한다. 미용 일을 하면서 외국어를 배우기는 그러한 일들보다 수월하다. 틈틈히 단어를 혼자 암기할 수도 있다. 아니면 미용실 퇴근 후 사람들과의 흥겨운 자리를 포기할 수만 있다면 충분히 외국어 학원에서도 공부할 수 있다.

시간을 바쳐 보는 일은 미래의 자신에게 엄청난 발전이 될 것이다. 이 세상엔 진짜로 공짜는 없다. 노력한만큼 얻을 수 있다. 외국어 공부는 오늘보다 더 나은 내일을 위한 최고의 선물이 될 것이다. 삶의 내실을 외국어로도 다져 보자는 말이다. 미용으로 세계 각국으로 나가 시야를 넓혀 보자는 말이다.

첫 번째 사례인데 2년 전의 일이다. 8.15 광복기념일로 러시아 문화관광부 초청 패션쇼에 초청을 받아 참가한 적이 있었다. 러시아 극동 및 시베리아 고려인 단체 연합회의 주체로 이루어진 패션쇼였다. 장소는 하바로브스크 아리랑 축제가 열리던 오드라 극장 안에서 진행되었다. 그 곳 러시아는 날씨가 추운 데 비해서 사람들은 따뜻한 인상을 주곤 했다.

나는 전혀 러시아말이라고는 단 한마디도 모르고 갔었다. 처음엔 무서웠다. 억양도 강하게 느껴지고 러시아의 호텔방에서 TV를 켜서 보았는데 나오는 노래마다 어두운 것 같은 생각에 그저 빨리 패션쇼가 끝나한국에 있는 집으로만 가고 싶은 생각뿐이었다. 그런데 패션쇼가 끝난후 저녁 식사를 하기 위해 주최 측의 사람들과 식사가 마련된 자리에동참했었다. 거기에서 러시아인이 말을 걸어오는데 러시아 말을 몰라서 그냥 입가에 미소만 짓고 있었다. 그리고 간단한 말은 영어로 대화를 나누었는데 주최 측 회장님은 고려인이라서 한국어는 물론 러시아어를 유창하게 하시는 분이셨다. 그런데 그분이 내게 일본말은 할 수있으시냐고 물어 보셨다. 러시아인들은 일본어를 제2외국어로 사용한다고 했다. 답답하고 막혔던 가슴이 확 뚫린 기분이었다. 일본어를 할수 있었던 것이 너무 다행 아닌가? 일본어랑 적당히 아는 영어 단어를섞어가면서 드디어 대화에 합류할 수 있었다. 만약에 그동안 내가 일본어 공부를 안 했더라면 그러한 기쁨을 즐기지 못했을 것이다. 러시아에서 3일째 되던 날은 20대 젊은 러시아 아가씨에게 간단한 인사말과 감사하다는 말, 그리고 미안하다는 말을 배웠다. 한 단어씩 따라 할 때마다 억양이며 단어와 문장들이 재미있었다. 어떤 단어는 욕을 하는 것과같아서 말을 하고도 웃었더니 러시아인은 잘 웃는 내가 호감이 갔는지아주 상냥하게 잘 가르쳐 주곤 했었다. 지금은 이메일로 그 아가씨와서로 편지를 주고받고 있는데 한국어를 열심히 배우고 있는가 보다. 간략하게 6줄에서 길게는 10줄로 보낸 편지 내용의 글은 한국어를 열심히 하고 있음을 상상하게 했다. 이렇듯이 외국어는 공부만 해 놓으면언제 어디서 우리가 어떻게 활용을 하게 될지 모르는 법이다. 항상 준비하는 미용인이 되어보자.

두 번째 사례이다. 2003년 한국 의상전 한국 민족복 패션쇼에 주미 대사관 한국문화원 초청으로 미국 워싱턴에 갔을 때 겪은 일이다. 노무현 대통령의 한복을 만든 유명 한복 디자이너와 전국대학의 의상과 교수님들과 한복 문화학회 회원들이 동행을 했었다. 박사과정 시절부터 외국에 한복 전시회와 패션쇼를 개최하면서 한국 전통복의 세계화에 동참해 왔다. 한복 문화학회에서 간사 일을 맡고 있었기에 가능했던 미국 워싱턴 한국 의상전 한국 민족복 패션쇼에서 우리 옷의 기원을 찾는 고구려 고분벽화 복식부터 삼국시대, 고려시대, 조선시대, 현대한복 발달사를 재현하러 대학의 교수와 학생들, 디자이너, 무형문화재, 침선장, 자수장, 염색장 등의 인간문화재, 한복산업체 연구가들로 구성한 협동의 학술단체로서 우리나라 전통복식의 학술 연구 및 고증 실용화를 위한 복원전시와 해외 학술문화교류를 위하여 참가했었다.

나는 박사임에도 불구하고 영어를 잘하지 못했다. 패션쇼가 끝나고 나서 식사를 한 후에 미국 워싱턴에서 노래방을 가게 되었다. 영어는 못해도 대학시절 좋아하던 팝송을 불렀다. 그리고 팝송 가사를 인용해서 말을 간단하게 했는데 그 기분도 만만치 않게 재미있었다. 여하튼 외국어는 언제 쓰게 될지 모르지만 외국어는 배워 놓으면 자산이 된다.

7장

자존감을 높이자

① 현재의 생각이 미래와 삶을 만드는 것이다

② 내적동기

③ 나를 시들게 하는 내 안의 것들

비판을 기꺼이 받아들이고 참고하라.
하지만 당신의 판단력을 기준으로 삼아야 한다.

모든 사람들의 비판을 수용하되,
항상 그대의 판단력을 간직하라.

-세익스피어의 인생에 대한 조언-
〈햄릿〉 1막 3장

현재의 생각이 미래와 삶을 만드는 것이다

시작이 반이다

"인생이란 우리의 생각이 만들어 내는 것이다." 고대의 위대한 사상가이자 로마의 황제인 마르쿠스 아우렐리우스가 했던 말이다. 우리가 상황을 변화시키고 싶다면 무엇보다 생각을 변화시켜야 한다. 옳다고 생각하면 무조건 도전하는 스타일이 있다. 이와 같은 실행은 자신을 엄청나게 성장시킨다. 지나간 나의 인생에서 가장 힘든 시절에 일기장을 보니까 이런 글이 쓰여져 있다. "무리라는 벽을 넘지 않으면 강해질 수 없다"

세상일들이 마음먹기에 달렸고 무엇이든지 자기하기 나름인 것이다. 인생은 그 사람이 생각하고 마음속에 그린대로 이뤄지기 마련이다. 건

강한 삶을 살고 있는 사람들은 인생의 핵심 요소가 마음가짐이라는 것을 알고 있다.

마음가짐이 미용 일을 하면서 살아가는 데 최고의 건강 비결이면서 해결책인 것 같다. 억만금이 있어도, 제 아무리 좋은 음식을 먹어도 마음가짐이 뒤틀려 있으면 건강도 모든 일도 뒤틀리게 된다. 특히 미용인들은 조금만 마음을 달리 먹는다면 충분히 자유로울 수 있을 것이다. 지금 현재 아직 나타나지 않은 불확실한 일에 대해서 미리 걱정할 필요도 없다. 불행의 가능성을 미리 생각하고 걱정한다고 해서 불행이 생기지 않는 것은 아니다.

미용인생에는 가끔 아무리 노력하고 헌신해도 보답받지 못하는 일이 있다. 문제는 통찰력인 것 같다. 진리란 한 순간에 득도하듯이 깨달아지는 것이 아니라 무수한 시간과 인내로 노력하여 어렵게 쟁취한 결과물임을 미용인들은 알아야 한다. 자신의 삶이 바뀌어야 한다고 생각할 때 자신이 옳은 길을 가게 될 것이라고 생각 하게 된다. 현재의 생각이 미래의 미용 삶을 만들어 낼 것이다. 자신을 사랑하고 존중하면 사람들을 끌어당기게 될 것이다. 매일 매일의 경험이 우리 미용인들에게 통찰력을 가져다 줄 것이다. 미용의 길에서 성공한 사람들은 결코 시야에서 목표를 잃지 않는다.

미용 일과 관련된 자격증을 취득해 놓도록 하자. 주위 사람들에게 혹은 미용생활로 만나게 되는 사람들에게 받은 상처가 있다면 그 상처를 지혜로 바꿀 줄 알아야 한다. 실수란 것은 모든 사람들이 하는 것이다. 살면서 실수를 안 하는 사람이 없을 것이며 지금 이 순간에도 누군가 할 수 있는 것이 실수이기도 한다. 좋은 일이 생길 것임에 틀림없다고 기대하고 있는 마음을 갖도록 하자.

마음의 유연성을 갖는 것은 우리 미용인으로 하여금 다양한 시각에서 문제를 볼 수 있게 한다. 그러므로 마음의 유연성을 키우는 자세가 될 수 있다.

부드럽다는 것은 열려 있다는 뜻이므로 미용을 보는 눈과 마음이 열려 있으면 보는 시각도 바뀌게 된다. 시각을 바꾼다는 것은 보는 방향을 바꾸는 것이다. 자기 자리에서 다른 미용인의 자리로 옮겨 자기 눈이 아닌 다른 사람의 눈으로 미용세상을 바라보도록 하자. 그것은 머리의 모든 것으로 창조하는 즐거움이다. 즉 미를 창조하는 미용에 종사하는 일이니 만큼 거기에는 생각하는 마음의 작용이 반드시 들어 있다. 일단 마음에서부터 어떤 형태를 그리고 나서 손으로 그 상상력을 옮길 때 일이 잘 된다는 것을 느꼈었다.

내적동기

열정으로 기본기에 충실

미용 일에는 늘 두 가지 측면이 있다. 미용기술적인 측면과 정신적인 측면이다. 기술이 미용을 위한 능력이라면 내적인 것은 마음가짐, 즉 정신적인 것이라 하겠다. 기술은 무척 좋은데 일에 대한 진심어린 마음이 없다면 편법을 써서라도 자신의 미용 업무를 완수하려는 미용인 직원을 배출하게 될 것이다. 이와는 반대로 프로 의식은 엄청 강한데 정작 미용기술이 없다면 그 미용실 원장님의 고객은 당연히 멀어지고 말 것이다.

미용은 엄연히 기술의 세계이므로 친절하다고 하여 미용전문 기술이 전혀 없는 사람을 어느 손님이라도 신뢰하기 힘들다.

미용기술은 프로의식이 있는 미용인이라면 꼭 갖춰야 할 자질이다. 이런 프로의식은 바로 내적동기의 열정인 것이다. 즉 하고자 하는 강한 의지와 동기를 불러일으키는 것은 어느 누구도 대신해 줄 수 없다. 오로지 자기 자신만의 것이다. 미용기술은 무엇보다도 기본을 중요시한다.

기본이 없으면 도저히 응용이 힘들뿐만 아니라 기본만 튼튼하면 미용업무를 익숙하게 만든다. 이런 기본기는 철저하게 배워야 한다. 기본기도 없이 자신감만 갖고 미용실을 오픈한다면 자기 스스로 자기 무덤을 파는 것과 같다. 즉 파산은 시간문제이다.

만약 지금의 당신이 미용기술을 소홀히 했다면 그 원인은 내적동기에 있다. 그저 미용기술을 얼렁뚱땅 끝내거나 건성으로 미용공부를 했다는 말이다. 미용기술 쌓는 것도 자기가 마음먹기에 달려 있다. 미용세계에는 개인의 기술실력이 분명하게 우열을 드러낸다. 그러므로 노력하는 수밖에 없다.

지금은 진짜 실력있는 미용인만이 생존할 수 있다. 실력 있는 미용인이 되려면 우리 내면에서 무슨 일이 일어나고 있는지를 따라가다 보면 우리를 무겁게 짓누르고 있거나 마비시키고 있는 것부터 서서히 자유로워질 수 있다. 상상력을 통해 무의식은 우리가 경험하고 있는 것을 비춰주는 거울 역할을 한다. 우리는 무의식의 산물을 통해 우리 자신을 들여다 볼 수도 있고 그렇게 하지 않을 수도 있다. 하지만 무의식의 산물이 제시해주는 자신의 자화상을 들여다 본다면 좀 더 빨리 앞으로 나아갈 수 있을 것이다. 더불어 자신의 자아와 내면의 중심을 발견하게 될 것이다.

혹독한 미용업무 훈련을 받거나 또는 기본을 철저히 익혀 혼자만의 반복연습으로 기술을 습득했다면 분명히 다른 미용인과는 실력면에서 커다란 차이가 생길 정도로 성장할 수 있다. 이렇게 해서 성장한 미용기술은 당연히 열정과 환희를 느낄 수 있다.

미용인이 프로의식을 갖고 성실히 업무에 임하면 성공할 수밖에 없다. 당신이 기초를 튼튼히 하지 않고 대충 미용기술을 배웠다면 지금이라도 늦지 않다. 열정으로 미용기술 능력을 고루 갖춘다면 그것은 영원한 미용의 힘인 것이다.

그리고 대부분 미용실에서는 남자나 여자나 할 것 없이 내용보다는 겉보기를 중하게 여기는 경향이 강하다. 만약 "자기가 어떠한 사람이다"라는 상큼한 인상을 상대에게 전달해야 한다면 마음부터 고와야 한다. 머리형으로 모든 기분을 표현할 수 있기 때문이다. 진정한 자기를 알고 뜨거운 열정으로 미용일에 전념하게 되면 삶의 내용이 바뀐다. "의미를 채우는 삶"이란 어떤 태도를 취하느냐에 따라 결정된다. 즉 사람들 중에는 내부의 힘이 큰 사람은 외부의 어떤 영향에도 잘 흔들리지 않는 법이다.

나는 "할 수 없다"는 생각을 보통 안 하고 열심히 사는 편이다. 그래야 무의식적으로 외부의 힘을 끌어다가 사용할 수 있다. 내겐 정신이 만들어 놓은 습관이 있다. 미용인들은 특히 내부 힘의 강도에 따라 달라질 수 있다고 생각한다. 당신 스스로 자기 안에 있는 무한한 능력을 찾아야 한다. 어떤 신념을 갖고 어떤 마음으로 사느냐에 따라 미용기술의 성장속도와 내용이 매우 크게 달라질 것이다. 용기와 믿음이라는 자신의 평소 신념이 자기의 잠재의식을 만들어 낸다. 그 잠재의식이 '마음의 이미지'를 그려 내면 그 기술은 곧 현실로 바뀌게 된다. 모든 것은 내적동기로 시작되어 있으므로 자신의 내적인 조화도 창조할 수 있다. 미용이든 어떤 일에서든 여하튼 자신감을 갖는다는 것은 매우 중요한 지혜이다. 습관화가 되면 바로 그 습관이 곧 내면화가 되는 것이다.

평범한 미용인이라면 성공할 때까지 열정적인 책임감으로 무장하라. 정열적인 미용인들은 현실 속에서 흥미진진한 면을 볼 줄 안다. 우리 미용인들 역시 각자의 패러다임을 가지고 살고 있다. 그런데 그 패러다임이 과연 옳은 것인지에 대해 근본적으로 생각해 볼 필요가 있다. 우리 미용계를 인식하고 바라보는 관점이 잘못 되었음에도 불구하고 당신의 지금 행동하고 생각하는 바가 옳다고 굳게 믿고 있다는 건 아닌지 반문해 보자. 우리 미용인들은 잘못된 패러다임 뿐 아니라, 아주 낡은 사고방식의 패러다임을 가지고 있는지도 모른다. 만약 우리들의 패러다임이 틀리고 낡은 것이라면 패러다임의 전환이 필요하다. 패러다임의 전환은 우리 미용발전에 가장 빠르고 힘차게 성공적으로 이끌어 주는 역할을 한다. 절대로 우리 미용인들은 한 가지 방식에 치우쳐 세상을 바라보아서는 곤란하다. 세상은 다양하지만 우리 미용세계는 더욱 다양한 시각으로 다양해야 한다.

"그럴 수도 있지"라고 여유있게 생각할 수 있는 데도 강박관념 때문에 마음에 상처를 남기며 살고 있지는 않는가? 내 마음에 들지 않게 일을 했어도 "그럴 수도 있지"라고 말해 보자. 그러면 한결 좋아진다. 따뜻한 기분을 느낄 것이다.

어느 누구든 부족함이 있고 실수도 있다. 그 부족함과 실수의 징검다리를 잘 건너야 더 큰 미용인이 사람이 될 수 있다. "그럴 수도 있지"는 사랑과 이해와 관용이 담긴 참으로 따뜻하고 아름다운 말이다.

"나를 변화시키는 사람, 세상을 살아가면서 만나는 그 어느 누구도 다 나에게는 시사적(示唆的)이다. 조금 격을 높여 말한다면 다 계시(啓示)를 주고 있다고 해도 좋다. 어쩌면 절대 통하지 않는 사람은 더 크고 더 절대적인 계시를 주고 있는지도 모른다." 이 글은 이수태 〈어른 되기의 어려움〉의 글이다.

사람은 사람을 통해 배운다. 그래서 누구나 반면교사(反面教師)이다. 그리고 사람이 사람을 변화시킨다. 그러나 다른 사람을 받아들일 수 있는 마음은 내 안에 있으며, 나를 변화시키는 사람도 결국은 다름 아닌, 내 안에 있다. 가장 큰 시련, 가장 힘든 고통의 시간이 있다. 누구도 피할 수 없는 운명의 시간이 있다. 그러나 견디기 어려운 그 시련과 절망의 시간이 오히려 축복의 시간이 될 수 있음을 기억 하자. 삶의 의미와 방향을 잃어도 좌절하지만 않으면 못 듣던 신의 음성을 듣게 되는, 그래서 보통의 존재에서 특별한 존재로 다시금 태어나는 축복의 시간을 것이다.

몸의 건강이 마음을 지켜주고, 역으로 마음의 건강이 몸을 지켜준다. 몸과 마음이 모두 무너졌을 땐 정신이 건져주고 정신마저 지쳤을 땐 영혼이 마지막으로 다가와 우리를 살려낸다. 아무리 바쁘고 복잡해도 이따금 한 번씩은 '황홀한 시간'이 꼭 필요하다.

다양한 시각에서 문제를 볼 수 있게 하자. 유연한 마음은 부드러움에서 온다. 부드럽다는 것은 열려 있다는 뜻이다. 눈이, 생각이, 마음이 열려 있으면 보는 시각도 바뀐다. 시각을 바꾼다는 것은 보는 방향을 바꾸는 것이다. 자기 자리에서 남의 자리로 옮겨 보는 것이고, 자기 눈으로가 아닌 다른 사람의 눈으로 세상을 바라보는 것이다.

정말 시련의 무게만큼 영혼이 자라나 나중에 미용의 길에서 큰 인물이 될 수 있다면, 아무리 큰 시련이 와도 미용을 사랑할만 하지 않을까? 미용의 일에서 그 어떤 시련도 기꺼이 감내할 수 있는 용기와 희망을, 다시 한 번 가슴 속 깊이 품어보자.

'자유롭다'는 것, 보통의 경지가 아니다. 아마도 깨달음의 최고 경지가 아닐까 싶다. '자유롭다'는 '유연하다'와 통한다고 했다. 자유로운 사람은 마음 씀씀이가, 행동이, 표정이 부드럽다. 자기 자신에게도 너그럽고 넉넉해서 웬만한 일에는 흔들리지도 휘둘리지도 않는다. 그래서 내면의 미를 갈고 닦지 않는다면 아무런 효용이 없을 것이다.

나를 시들게 하는 내 안의 것들

자기의 능력을 객관적으로 판단하기

어느 날 가끔씩 미용의 일을 잘 해 오다가도 기술 쪽이든 정신 쪽이든 힘이 들 때가 있다. 그럴 때에는 대체로 멈추는 것을 두려워하게 된다. 마치 뭔가 끊기는 것 같고 뒤쳐지는 것 같기만 하고 자기만 늦어지는 것 같은 생각을 한다. 사실은 정반대일 수도 있는데 그렇게 생각하며 살아가곤 한다.

마치 미용실에서 멀쩡히 일을 잘하고 있다가 무슨 생각에서인지 어느 날 스스로가 작아 보이는 그런 날이 있다. 자신이 한없이 초라해 보이는 그런 기분 말이다. 예를 들어 미용실에서 남자 커트를 하다가 클리퍼의 충전이 떨어지거나 고장이 나면 강제로 멈춰 선다. 사람도 큰 병이 나면 일을 멈추고 쉬어야 되듯이 말이다.

이 '멈춤'은 정확히 말하자면 자신만이 느낄 수 있는 자존감이다. 그래서 그런지 나의 경우에 힘이 남아 있을 때 멈추어야 더 큰 힘으로 다시 일어설 수가 있다. 온갖 방법을 다 동원했는데도 목표를 이루지 못할 때면 화가 나고 속상하고 이따금 무기력감에 빠지게 된다. 아마도 자기만족이 안 돼 그랬던 것 같다. 미용의 성공과 내 안에서 스스로 평가되는 자존감을 동시에 이룰 수 있다고 착각하는 것이다. 따라서 늘 어떤 하나의 일에만 빠져 있을 때 바로 그것이 내게는 진짜 심각한 문제로 다가온다. 그러나 일에 몰입이 강하게 되므로 이 분야에 성공할 수도 있었는 데도 말이다.

미용인들이 자신의 힘으로 감당할 수 없는 문제에 부딪쳤을 때 무기력에 빠지고 새로운 시도를 하지 못한다. 정말 이렇게 살아도 되는 것일까? 누구나 이따금 스스로에게 던지는 질문일 수 있다. 자신의 인생의 볼륨과 삶의 부피도 작아지는 기분이고, 마음의 밭에 바닥마저 메말라가는 자신을 발견하게 된다. 그러나 바로 그 순간이 좋은 신호인지도 모른다.

호칭 제대로 알고 사용하자

대학의 외래교수(시간강사)일과 미용실을 병행하면서 박사과정 공부를 아주 힘들게 했다. 양쪽 일을 병행하면서 한다는 것은 말이 쉽지 너무나 어려운 하루하루였다. 정말로 크게 체력의 벽이며, 자본의 벽이며, 지식의 벽이고, 마음의 벽에 부딪혔다. 그래도 코피를 흘려가면서 고군분투 열심히 공부했고, 두 아들과 남편 뒷바라지에도 최선을 다했다. 그 고통은 박사과정 공부 시절의 주위사람들은 모두 잘 안다. 너무나 스트레스를 받아서 원형탈모로 머리가 움푹 이마 한가운데가 빠지기도 했다. 그 흔적은 지금도 나를 보면 금방 알 수 있다. 앞의 머리에 머리카락수가 적어 보인다. 지금 사용하고 있는 앞의 치아 3개는 풍치로 빠져 나가고 해서 내 치아가 아니다.

요즘은 미용장 공부를 하고 있다. 미용장은 미용경력 8년 이상의 미용인이 미용 고급이론과 헤어커트퍼머넌트, 업스타일, 횡거웨이브 등 실무능력을 평가 받는 국가공인자격이다. 아주 치열한 수련의 과정으로 기능계에서는 마치 학문과 비교하여 표현을 하자면 박사 학위의 명예와 실력을 인정한다고 미용기능인들은 말을 한다.

이 부분에서 정확한 구분을 하고 싶다. 조선시대 과거제도는 일정한 신분 이상이 되어야 응시할 수 있었으며(상·공업종사자, 천인, 서얼 등은 제외됨), 통상 문과, 무과, 잡과 등으로 나눌 수가 있었다. 문과는 문반들이, 무과는 무반들이, 잡과는 기술직들이 되고자 할 때 계열별로 응시하도록 제도화되어 있었다. 이렇듯이 말은 분명히 하고 넘어가자. 과학의 응용을 기술이라 하는데, 기술을 실제의 형태로 만들기까지의 능력을 기능이라 말한다. 미용기능에서 최고는 미용기능장인 것이다. 그리고 학자에겐 학위를 받는 것이다. 미용기능장과 박사학위는 분명히 다르다. 제대로 알고 넘어가도록 하자. 또 내가 요즘 기능장반에 미용기능장 공부를 하러 다니면서 느낀 것이다. 미용인들이 대학교수의 호칭을 바로 알고 말을 할 때 호칭을 정확히 사용하면 괜찮겠다는 말이다. 기능장자격증을 취득하려고 미용학원에 다녔다. 그런데 그 곳 미용학원에서의 호칭이 아주 불편했다. 미용기능장 공부를 하는 사람들에게 모두 선생이라고 부르라고 강요를 받았다. 미용실 원장에게도 선생님, 미용실 직원에게도 선생님이라고 무조건 기능장반에서 자격증을 준비하는 사람에게 모두 선생님이라고 부르라 해서 이상한 기분이 들었다. 열등의식은 상대방을 많이 불편하게 만들며, 살벌한 분위기를 조성했다.

우선 대학교수에 관하여 간단하게 설명하겠다. 대학교수가 되기 위한 자격증은 없다. 유치원과 초등학교와 중등학교 교사가 되기 위해서는 각각의 교사자격증이 있어야 하지만 대학교수는 별도로 자격증이 없다는 말이다.

자격증 대신에 박사나 석사 등의 학위규정은 두고 있는 경우가 많다. 그래서 (기존에 기능장자격증을 소유하고 있는 미용인들이 지금 석사·박사 과정에서 공부를 하고 있는 사람이 엄청 많다. 아주 바람직한 현상이라고 생각한다. 개인적인 생각인데 가르치는 교과에는 정통해야 한다고 생각하기 때문이다.) 교수가 인품이 좋은 것과 교과에 정통한 것과는 좀 다르다고 해석되기 때문이다. 미용을 꿈꾸는 젊은 미용인들을 위해서 바르게 표현을 하고자 한다. 하지만 요즘은 산학협동차원에서나 아직까지 학문으로 정립되지 않은 학과(전통문화, 인간문화재 등)를 비롯해서 취업우선을 필요로 하는 일부(학)과 등은 실무나 경력을 중요시하기 때문에 초등학교 졸업정도나 고졸의 학력도 교수가 된다. 대부분의 교수직 채용요강에서 보편적인 학과는 박사학위를 소지한 자로 응시자격을 제한하지만, 예술이나 요리 관련학과를 비롯해서 특별히 박사과정이 없는 학과의 경우는 석사나 학사학위 소지자까지도 응시자격을 부여한다.

바로 교수를 뽑기 보다는 우선 전임강사(아마 이젠 전임교수 등의 명칭으로 바뀐다고 한다)를 뽑는다. 전임강사부터 그 학교의 정식교수라고 할 수 있다. 전임강사가 되면 그 다음에 조교수가 되고 조교수가 된 다음에는 부교수가 된다. 부교수가 된 다음에서야 비로소 교수가 되는 것이다.

이 밖에 시간제로 강의를 하고 있는 교수님들은 시간강사와 겸임교수 등으로 불리기도 하며, 덕망이 있으시거나 연세가 많으셔서 은퇴에 가깝거나 퇴직하신 분들에게는 석좌교수 또는 명예교수 등으로 호칭되는 교수님도 계신다. 통상적으로 교수라고 하면 시간강사 · 겸임교수 · 명예교수 · 석좌교수 · 전임강사 · 조교수 · 부교수 · 교수를 모두 통칭 교수라고 하지만 정식교수는 위에서 언급한 대로이다. 전문대학이나 4년제 대학교에서 초빙교수라는 호칭도 사용하는데, 초빙교수는 각 학교마다 조금씩 차이를 두고 있다. 미용인 중에 교수에 관한 호칭을 궁금해 하는 사람들이 많고 기능장반에서 미용기술을 습득을 하고 있던 미용인들이 내게 가장 많이 질문한 내용이라서 몇 자 적어 보았다.

기능장반에서 자격증을 준비하는 사람들은 거의 대부분 교육에 뜻을 두고자 하는 미용인들이 많다. 서로가 교수를 목표로 아주 열심히 치열히 경쟁한다. 그곳에서 기능장 공부를 하고 있으면 정말 살아 있다는 것을 실감난다. 그곳의 미용인들은 내게 묻는다. 대학교수님이 기능장 공부를 왜 하느냐고? 난 문무(文武)를 모두 갖추고 싶어서이다. 그리고 나중에 더 성공해서 직접 미용교수를 내가 뽑게 된다면, 정말로 실력

있는 미용이론을 갖춘 한 편 실무가 우수한 미용인을 교수로 뽑을 수
있기 때문이다. 난 오늘도 내가 목표로 하는 지식과 행동을 일치시키고
자 한다. 변화의 핵심 동력은 역시 교수인 것이다. 교수가 먼저 스스로
경쟁력을 높이기 위해 움직여야 한다. 그래야 학생들이 변한다. 성공했
다고 손을 떼지 마라.

만약에 미용교육을 하는 미용강사가 미용실무가 부족하여 미용수업 강
의하러 강의실 들어가기가 무섭다면 도대체 이게 말이 되는가? 그렇지
아니한가?라고 묻고 싶다.

내실을 다져라

미용인들 각자가 그냥 나름대로 무척 열심히 살아 왔지만 조용히 내실
을 다지는 것에 힘쓰는 것이 먼저 중요하다는 것을 말하고 싶다. 누구
나 때가 되면 반드시 기회가 오기 때문이다. 특히 우리 미용인들은 자
신의 존재가치를 높게 만들어야 한다. 자기 인생의 행복과 미래는 결국
자기가 만드는 것이다. 두려움을 떨쳐라. 열심히 쌓던 미용의 일을 미
루어 두고 가슴 저미는 미소를 지어 본 적이 있는 사람은 알겠지만 그
야말로 유행가 가사처럼 웃고 있어도 눈물이 났었던 경험을 미용인이
라면 누구든지 한 번쯤은 해 본 경험이 있을 것이다. 자녀문제라든가
또는 연인관계의 문제와 부부 간의 문제이거나 아니면 집안 살림문제

로 균형이 깨져 가정을 멀리하고 미용 일에만 몰두하다 보면 불행이 찾아오게 된다. 부부 간의 불화와 자녀의 문제로 인한 가정 파탄으로 어느 날 갑자기 느닷없이 겪는 불행은 미용인에게 다시 자신을 뒤돌아보게 하는 원인이 된다.

미용인의 삶에서 정말로 중요한 것이 무엇인지를 알고서 미용인들은 미용 일을 행해야 할 것이다. 우리는 늘 어떤 일을 하기에 앞서 두려움을 느낄 수 있다. 사람이 세상을 살아가면서 배우는 것 중에 89%는 시각적인 자극을 통해서 배운다고 했다. 그리고 10%는 청각적인 자극을 통해서 배우게 되고 남은 1%는 다른 감각기관을 통해서 배운다는 학습 이론이 있다.

미용인 중에는 주위의 실패를 극복하고 성공한 사람들이 있다. 무슨 일이든 시작을 하면 반드시 결과는 있는 법이다. 그래서 미용의 길을 가면서 때때로 자신의 모습을 돌아 볼 때가 있다. 마치 중요한 것을 잃어버린 것처럼 허전함을 느끼며 미용의 일에 모든 에너지를 쏟아 최선을 다하다보면 일중독에 빠지게 되어 본의 아니게 가정에 소홀해 지기도 한다. 미용인들도 사람인지라 한꺼번에 두 마리의 토끼를 잡을 수 없다는 것이다. 즉 아무리 어떤 분야에서든 우뚝 서있는 사람의 뒤에는 반드시 뭔가 한 가지는 잃은 것이 있는 법이다. 다시 말하면 성공은 절반의 실패일 수도 있다. 꼭 이럴 때마다 떠오르는 구절은 "신은 양쪽 두 가지 모두를 주지 않는다"는 것이다.

한계란 스스로 포기했을 때 마음에서 나온다고 생각한다. 또 다른 해석으로는 무엇보다 도중에 포기를 하지 않고 목표만 있으면 성공한다는 소리다.

꿈은 현실이다. 그래서 미용인들이 성공하려면 먼저 '꿈'이 있어야 한다. 꿈이 있어야 성취되는 것이다. "꿈이 있으면 반드시 실현된다"는 말이 있듯이 한 번뿐인 인생, 행복해야 하고 반드시 하고 싶은 일은 하면서 가치 있게 살아야 한다. 독일의 철학자 칸트는 "나에게는 불가능한 일은 없다. 반드시 실현 된다"라고 말했다. 자신을 북돋우고 목표를 향하여 전력을 쏟는다면 어떤 일도 가능하며 반드시 그 길은 열리도록 되어 있다고 했다. 실현가능한 목표를 설정해서 우리 미용인들도 도전해 보도록 하자.

완벽하지 않은 조건이 오히려 자기 안에서 스스로가 시들지 않고 멈출 수 없는 이유가 되어야 하고 바로 그 멈출 수 없는 그 이유가 강한 미용인으로 만들어 준다. 인생에서도 마찬가지라고 생각한다. 지금의 자기가 힘들고 어려운 현실에 멈출 수 없는 조건을 기회로 받아들인다면 언젠가는 반드시 희망의 자리에 서서 감사하며 살게 될 것이다.

행운이 있는 사람

자기가 원하는 것을 부탁하는 사람에게는 최소한 그것을 얻을 기회가 주어진다. 비록 자존심은 조금 상할지 모르지만, 부탁하지 않는 사람에게는 기회조차 주어지지 않게 됨을 느낄 때가 있다. 어린 시절 당신은 어떤 꿈을 갖고 있었는가? 미용인이 되고 싶어 했던가? 꿈이란 마음이 목적하는 방향과 신념이라는 의미이기도 하다. 꿈을 이루기 위해서는 먼저 자기 재능을 발견해야 할 것이다. 그 다음은, 그 재능이 세상을 바꾸는데 어떤 역할을 할 것인지를 생각해야 한다. 그리고 마침내는 이 세상에 '좋은 유산'으로 남기는 것이다.

꿈은 크게 품을수록 좋다고 했다. 큰 도화지에 호랑이를 그리려고 애쓰다 보면 아무리 못 그려도 비슷하게 생긴 고양이라도 그리게 된다는 말이 있다. 목표로 하는 지점에 아무리 못가도 근사치에는 갈 수 있다는 이야기다. 어린 시절 큰 꿈을 품었던 사람이라도 시간이 지남에 따라 그 꿈은 사라지고 사회인이 되면 그럭저럭 체념하게 된다. 평범한 사람은 작은 꿈을 품고 성공한 사람은 큰 꿈을 품는다.

신념이 성공으로 이어지려면 우선 중요한 것은 뭔가를 하고 싶다는 강한 의지와 어떻게 되고 싶다는 미래의 자기모습을 확실하게 그려두는 것이다. 행운은 자기가 가능성을 믿고 적극적으로 행동하는 사람에게 온다. 막연한 꿈이 아니라 구체적인 계획을 갖고 노력을 해야만 하는 것이다. 관심과 노력만 있으면 안 되는 일은 없다. 사람을 그릇으로 비유하는데 자기 자신의 그릇에 따라 꿈을 그린다고 한다. 자기가 정하는 조건과 한계는 곧 현실이 되기 마련이다. 꿈이 있는 사람들이란 힘들고 지쳐 있어도 꿋꿋하게 일어나는 사람들이다. 그러므로 실패의 원인을 찾아라. 지금 당장 행동으로 말이다.

미용에 성공하는 사람마다 용기에 대한 다른 해석을 가지고 있다. 나는 용기란 두려움에도 불구하고 앞으로 나아가는 것을 의미한다고 생각한다. 그때의 원동력이 바로 강한 신념이고 의지인 것이다. 만약 지금 당신이 미용생활을 하면서 불만을 품고 있고, 하고 싶은 다른 일이 있다면 우선 자신의 소망을 깨닫고 반드시 할 수 있다고 믿어 보자. 반드시 된다. "자기가 어떻게 살겠다"라고 결심하고 그 목표로 향해서 행동한다면 어떠한 일이라도 실현할 수 있는 것이다. '시작'이란 단어는 아름다운 말이다. 미용의 시작, 한 해의 시작, 일주일의 시작, 작게는 또 하루의 시작, 시작이란 단어에는 무한한 희망과 힘이 담겨져 있다. 지금 바라보고 있는 한 달 남은 새 달력은 나에게 새로운 시작의 메시지, 희망의 메시지를 강하게 전해주고 있다. 나는 아직도 얼마든지 다시 시작할 수 있다. 새롭게 시작하는 오늘 하루를 바쁘게 준비하며 살아가는 한 나는 언제나 청춘일 수 있다. 그래서 "시작이 반이다"라는 말의 의미는 우리 미용인들에게 많은 희망을 주기도 한다.

8장

사람과 사람사이

① 대인관계에도 반복훈련이 필요하다

② 진정성(Authenticity)

③ 내 인생의 좋은 친구들

날카로운 의심은 행동에 그림자를 던진다.

두려움이 우리를 사로잡는다.

-세익스피어의 인생에 대한 조언-
〈겨울 이야기〉 1막 2장

대인관계에도 반복훈련이 필요하다

생각하고 행동하라

처음 사람을 사귀게 될 때에 우리는 아무래도 서로의 외모나 그 사람의 지식수준과 재력 그리고 권력 등을 보면서 또 그 사람의 실력에 매력을 갖고 만나게 된다. 그런데 모든 지나간 과거라도 여전히 지금 현재에 영향을 끼친다. 예를 들면 과거의 미용 보조시절에 미용 일이 힘들어서 함께 배우던 사람과 정신적으로 서로 의지하던 사람이 있었다. 하지만 정답게 정을 나누던 사람에게 배반을 당해서 마음의 상처를 크게 받았다. 그런 경험이 있는 사람은 무의식적으로 다시 새로운 사람을 사귀게 될 때에도 배반당할지 모른다는 위협을 느낄 수 있다. 그리고 그에 따라 상대방을 대하게 된다. 그런 미용인은 분명 새로 만나는 사람에게 항상 경계의 태도를 취한다. 그리고 과거의 상처를 되살아나게 할지도 모른다는 두려움 때문에 깊은 관계로 발전하기를 거부할 수 있다.

이와 반대로 그런 두려움 때문에 혼자 남겨지지 않으려고 자신에게 다가 오는 사람으로부터 애정을 확인하려 들 것이다. 하지만 그런 행동은 오히려 상대방을 숨 막히게 해서 상대방으로부터 버림받는 원인이 될 수 있다. 그렇게 되면 결국 그 사람은 또다시 자신은 버림받을 수밖에 없는 사람이라고 확신하게 된다. 이러한 예는 수도 없이 많을 것이다.

여기서 중요한 사실은 과거는 우리 내면에 존재하면서 끊임없이 현재에 모습을 드러낼 수 있다는 사실이다. 우리는 과거로 돌아갈 필요가 없으며 굳이 지나간 일을 참고하지 않더라도 현재를 충분히 객관적으로 볼 수 있는 능력을 가지고 있다. 그렇지만 현실적으로 우리들은 현재 속에서 혼란을 느끼게 된다. 마찬가지로 미용일을 하면서 지금 우리가 처해 있는 상황과 과거에 경험했던 비슷한 상황을 연결시켜 생각해 보는 것은 도움이 될 수 있다. 우리는 좀 더 객관적인 태도로 지금 일어나고 있는 미용 일을 이해할 수 있다는 사실을 잊어서는 안 된다.

과거는 우리가 자신을 이해할 수 있도록 도와준다.

어느 한 미용인은 미용생활을 하면서 자기의 부부생활에 숨 막혀 못 살겠다고 한다. 그 미용인은 모든 것을 남편의 책임으로 돌릴 것이다.

남편을 비난하면서 자신의 현실을 올바르게 이해하지 못하는 한 그 미용인은 숨 막힐 듯한 현실로부터 벗어날 수 없을 것이다. 콤플렉스가 그 미용실 원장으로 하여금 현실의 일부만을 보게 만들고 그런 편협한 관점이 그 미용인의 삶을 힘들게 만들 수도 있다. 자신의 남편이 지나치게 질투심이 많다는 사실을 알고 있기 때문에 더 이상 남편과의 관계를 유지하고 싶지 않을 수도 있다. 그럴 경우라면 그 미용인은 이혼을 생각하게 될 것이다. 여하튼 우리가 영원한 시간 속에 살고 있는 것처럼 과거와 현재를 뒤섞어 버린다. 지금 경험하고 있는 사건은 지금까지 영향을 끼치고 있는 과거만을 자극할 수 있다.

콤플렉스 역시 모두 한꺼번에 되살아나는 것은 아니다. 콤플렉스는 우리의 미용인생에서 그 순간에 느끼는 감정과 밀접한 관련이 있는 정보나 에너지를 차례로 드러낸다. 그러므로 과거를 극복하고 현재에 몰두해야 한다. 역시 모두 한꺼번에 반복훈련을 통해 미용기술이 향상될 것이라는 기대가 강하기 때문에 미용인들은 과거의 자신을 좀 더 깎아 내려서 심리적 향상을 경험하고자 한다.

남들이 당신에게 다가가는 것을 어렵게 만들지 마라. 쉽게 접근할 수 있고 사귈 수 있도록 길을 열어 놓아야 한다. 자연스럽고 친절하게 행동하라.

인간관계가 바라는 대로 원만하지 못할 때 우리는 자신을 보호하기 위해 자기 주변에 두꺼운 휘장을 치게 된다. 마음의 문을 꼭꼭 닫아걸고 좀체 열어보이게 되지 않는 것이다. 이것은 대부분 곧바로 악순환의 고리로 이어진다. 대인관계에도 반복훈련이 필요하다. 미용 일을 하면서 나이가 들수록 점점 우리는 평상시 자기잣대로 상대방을 평가하곤 한다. 자기중심의 관점에서 대상을 보게 된다는 말이다. 반대로 남이 나를 고정관념을 갖고 대할 때를 생각해 보자. 무척 답답하고 속상할 것이다.

그리고 많은 사람과 좋은 관계를 유지해야 할 자신을 상당히 억제하게 될 것이다. 상대방과의 간격을 신중히 재면서 몇 번이고 탐색을 할 것이고, 더 좋지 않은 태도는 어떤 행동이든 무의식중에 사전탐색 없이 실행해 버리는 일일 것이다. 그저 서툰 짐작과 실수가 많을 것이다. 상대방과 적절한 거리를 조절하게 될 것이고 그렇게 된다면 인간관계는 원만하지 못하게 될 것이 분명하다. 거기에 반해서 자존심이 나약한 미용인은 분명 자신감이 없으며 대인관계도 서투르기만 할 것이다. 그렇게 하다 보면 무엇을 해도 안 된다고 믿게 될 것이고 자신에게 불리한 행동을 취하게 되며 좋지 않은 결과만이 남을 것이다.

사람은

미용 일에서 사람들에게 관심과 사랑을 얻을 수 있는 마법과 같은 것은 바로 에티켓이다. 예의가 없는 무례하고 거칠기만한 사람들은 반감을 산다. 그래서 예의는 아주 엄숙하고 지나치다 할 정도로 지켜도 좋은 것이다.

특히 사이가 안 좋은 사람을 대할 때 예의는 의무와 같은 것이다. 예의를 지키다 보면 스스로에게 얻을 수 있는 것을 느낀다. 화를 내고 욕하는 것보다 낫다. 예의를 지키는 것은 결코 어려운 일이 아니다. 자신이 예의를 지키면 다른 사람도 예의를 지켜 자신에게 대하게 된다. 예의가, 예의로 되돌아오는 '메아리의 법칙'인 것이다. 발타자르 그라시안의 성공을 위한 말들 중에서 나오는 글이다. 반짝이는 별은 사람 곁에 가까이 오지 않기 때문에 언제까지나 그 빛을 잃지 않는 법이다. 항상 얼굴을 맞대고 있으면 존경의 마음을 갖기가 어렵고, 자주 이야기를 나누다 보면 조심스럽게 감추어졌던 상대방의 결점이 차차 눈에 띄게 마련이다. 누구를 막론하고 너무 친해져서 버릇없는 사이가 되어서는 안 된다. 상대방이 윗사람이면 예절을 잃고, 아랫사람이면 위엄을 잃게 된다. 더구나 어리석고 예의를 차릴 줄 모르는 속된 사람과는 결코 허물없이 지내서는 안 된다.

살다보면 나를 좋아해주는 사람을 만날 수도 있고 나를 싫어하는 사람을 만날 수도 있다. 그리고 내가 좋아하는 스타일의 사람이 있으면 또 내가 싫어하는 사람도 있을 것이다. 살아가면서 나만 좋아해 달라고 할 수도 없는 일이고 세상사는 일에 아름다운 것만 보고 살 수는 없는 일이다. 이러한 점을 확실히 인식한다면 다른 사람 입장에서 이해하도록 해야 할 것이다.

세상을 그저 흐르는 물처럼만 살아가면 얼마나 좋을까? 그러나 현실은 그리 쉽지만은 않다. 이 세상에 평생 실수 한 번 하지 않는 완벽한 사람은 없다. 그러므로 어느 누군가의 비난과 비판이 정확하고 타당한 것이라면 진심으로 진지하게 받아 들여야 한다. 그리고 그 안에 담긴 진실로 끊임없이 자신을 발전시켜야 한다.

스스로 어떤 장벽을 만들어 놓았는지 찬찬히 생각해 보아야 한다. 다른 사람의 성공을 축하하거나 긍정적으로 판단되는 일과 관련해서 상대방을 인정하는 말을 할 수 있는 기회를 많이 만들라. 헤어스타일과 외모로 시작해서 여러 가지 일에 대한 훌륭한 논리와 전공지식에 대한 솔직한 감탄에 이르기까지 칭찬하고 추켜 세워줄 수 있는 기회는 무한정이라고 할 수 있다. 그러나 창의적으로 접근하라. 언제든지 화제로 삼을 수 있게 마련하라.

친구인 척하면서 나의 시간을 **빼앗는** 사람들이 있다. 사람들은 늘 가까이 하는 사람의 영향을 받아 변하기 마련이다. 사랑은 사랑하는 대상을 향해 가기도 하듯이 그렇게 새로운 시선에 눈을 뜨기를 원하는 마음에서 생기는 것일 수도 있다. 그래서 우리는 자기 곁에 누가 있는가를 매우 중요하게 볼 수 있어야 한다. 사람은 그와 어울리는 사람들을 보면 알 수 있기 때문이다. 그래서 이런 말이 있다. 지금 당신 곁에 어떤 사람과 함께 하느냐와 지금 어떤 책을 읽고 있느냐에 따라 5년 후에 당신의 모습이 달라진다는 것이다. 의도적으로 좋은 것만 볼 필요가 있다. 자기 발전을 위해서 말이다.

무엇이 가장 중요한 문제인지 우선적으로 고려해야 한다. 그럴 듯 해보이지만 사실은 중요하지 않는 것들이 있다. 남과의 비교에서 자신이 매우 부족하다는 인식에서 오는 느낌을 우리는 열등감이라고 말한다. 좀더 구체적으로 말하면 타인과의 비교에서 정신적·신체적 또는 사회적으로 어떤 결점을 가지고 있어 스스로를 가치 없는 존재라고 생각하는 의식적인 감정의 경향을 말한다.

우리 주변에는 첫 만남에서의 좋은 느낌과 달리 시간이 지나가면 갈수록 실망을 안겨주는 사람이 있다. 처음 만나서는 간이라도 빼어줄듯 마음을 주다가 이용가치가 없거나 도움이 안 되면 냉혹하게 뒤돌아서 버리는 사람들이다. 흔히 말해서 뒤끝이 안 좋은 사람이다. 이런 사람은 결코 성공적인 인생을 살아 갈 수 없다. 좋은 인간관계를 맺을 수 없으며 설사 어떤 행운으로 인해 성공을 했다 해도 그 성공의 생명은 잠시일뿐 곧 파멸의 지경에 빠지게 될 것이다. 온갖 아양과 아부의 미소를 남기다가도 상황이 변하거나 뒤돌아서면 냉혹함과 무표정을 짓는 사람들이 의외로 많다. 이것은 정말로 인생을 잘못 살고 있는 것이다. 자기 욕구를 충족하고 나면 변하는 것이 사람의 본성인지는 모르겠으나 이런 본성에서 벗어나는 사람만이 좋은 인간관계를 맺을 수 있다. 사람은 언제 어디서 만날지 모르니 바람직스런 인간관계를 맺도록 해야 한다. 이해관계 때문에 잘 지내오다가 이제 그 사람에게서 더 이상 얻을게 없고 만날 필요가 없다고 여겨지는 순간이 올지라도 사람은 끝이 중요한 것이다. 처음의 마음이 끝까지 이어가 유종의 미를 거두는 인생이야말로 참된 인생이라고 말하고 싶다.

콤플렉스는 우리가 생각하고 느끼고 행동하는 방식에 조건을 부여한다. 그리고 시간이 지나면서 어느 정도 의식적인 차원의 믿음으로 굳어진다. 각각의 부정적인 콤플렉스는 나름대로의 방식으로 우리를 과거 혹은 상상 속에 가두어두는 일종의 자기 수갑일 수 있다. 미용인생이란 우리에게 정확하게 인생이 무엇인지 가르쳐주지 않고 흘러가는 것이라고 생각한다. 인생은 움직이고 흘러가고 사라지고 변해간다. 그러면서 우리와 관계를 맺는다.

진정성(Authenticity)

당신에게로 끌려간다

사람은 품성이 우선이다. 인간은 누구나 다 좋은 사람으로 기억되기를 원하며 좋은 관계 맺기를 원한다. 사람이 갖추어야 할 아주 중요한 자질이 '솔직함'이다. 솔직함이라는 자기의 마음으로 상대방의 마음을 움직일 줄 알아야 한다는 말이다. 또 깊이 바라보는 사람이 진정한 인생의 동반자일 것이다. 그냥 스쳐 지나치듯 겉만 보면, 어디가 아프고 괴로운지 그 원인과 해답을 바로 볼 수가 없게 된다. 가장 많이 생각하고 집중하는 대상은 바로 우리 미용인 삶에 나타나게 될 것이다.

미용실에서 일을 하다 보면 여러 계층의 사람들을 만나게 된다. 고객만이 아니라 직원들끼리도 일을 하다 보면 많은 다채로운 경험을 하게 된다. 덜렁거리는 사람을 보면 대체로 스케일이 크고 대범하다. 내성적인 사람들은 진실함을 느끼게 하고, 말이 많은 사람들은 신기하게도 주위에 사람들이 많은 걸 볼 수 있다. 그리고 직선적인 사람은 상대방을 효율적으로 돕기도 한다.

MOT(Moment of Truth)란 'Moment De La Verdad' 란 스페인어를 영어로 옮긴 것으로, 스페인의 투우에서 투우사와 소가 일대일로 대결하는 최후의 순간을 의미한다. 즉 이 말은 투우사가 소의 급소를 찌르는 순간을 말하는데, '피하려 해도 피할 수 없는 순간' 또는 '실패가 허용되지 않는 매우 중요한 순간' 을 의미한다.

MOT(Moment of Truth) 마케팅의 개념은 80년대 스칸디나비아항공(SAS)의 사장인 얄 칼슨이 새로운 경영기법으로 만들어 낸 용어이다. 그는 1970년대 말 오일쇼크로 2년 연속으로 적자를 기록한 이 회사에 81년 39세의 나이로 사장이 됐다. 그는 부임하자마자 "직원들이 고객을 만나는 15초 동안이 진실의 순간"이라고 말했다. 15초 동안에 고객을 평생 단골로 잡느냐로 만드느냐가 결정된다는 것이 그의 주장이었다. 즉 고객과 접촉하는 모든 순간이 모두 가장 중요하고, 진실의 순간이므로 이를 잘 관리해야 한다는 것이다. 이처럼 진실의 순간의 중요성을 자각하고 집중적으로 관리를 하게 된다면 위기의 미용실도 흑자 기업으로 바뀌게 될 것이라고 생각한다. 누구에게나 초미의 순간이 있다. 즉 어떤 일에 집중을 해야 하는 때가 있는데 이때를 잘 잡느냐 못잡느냐에 따라 승패가 결정된다. 그런데 이 짧은 집중의 시간은 언제나 준비하고 깨어있는 자에게 찾아오고 또 찾아온 이 순간을 포착해야 성공을 이룰 수 있다. 미용의 세상은 어떤 자세로 상대방을 진실하게 대하느냐 그렇지 못하느냐에 달렸다.

욕심 많은 사람은 어떤 메리트가 있는 사람에게 접근하려고 한다. 돈도 많고 인맥도 넓고 권력 있는 사람과 사귀면 좋은 일이 있을 것 같은 마음이 한 구석에는 있을 것이다. 서로 그런 마음을 품고서 돈벌이에 대한 정보 교환을 하기도 하고 재계의 관계자나 실력자를 서로 소개해 주기도 하면서 관계를 도모하는 경우도 많다. 그렇지만 허영을 부리는 사람이 자기만족을 위해서 사람들과 교제하는 것과 욕심이 많은 사람이 돈벌이를 위해서 사람들과 교제하는 것과는 조금 다르다. 기본적으로 자신을 위해서가 아니라 서로 마음이 맞는 관계가 되지 않을까 하는 관점에서 사람을 소개하는 것이다. 가장 중요한 것은 바로 이때 사람을 보는 힘이 발휘되는 것이다. 무엇이든 과정이 있는 법이고, 그 과정을 묵묵히 견뎌낸 사람만이 결국에는 값진 열매를 얻을 수 있다. 우리 사회는 상호 의존성이 무척 강한 사회이다. 우리 사회는 사람을 판단함에 있어 객관적 평가보다 인간적인 감정에 더 끌리는 온정주의적 성향이 강해서일까? 누군가가 밀어주고 잡아 당겨 주지 않아서 성공 못하고 출세하지 못했다는 미용인을 주변에서 보곤 한다. 그렇게 말할 수밖에 없는 심정은 이해할 수 있다. 자기 자신이 실력이 부족하다고 마음 속으로는 부끄럽게 생각할지언정 남에게 솔직하게 고백할 수 있는 사람이 과연 얼마나 있을까? 사람과 사람 사이에서 문화와 예술 등등 교양도 갖춰야하고 능력과 지식도 중요하지만 가장 먼저 도덕적으로 모범이 되어야 한다.

미용을 하면서 꺼이꺼이 울고 철저히 슬퍼해 보지 않은 사람이 있을까? 미용실에서 고객과의 문제가 있거나 기술습득 과정에서 말이다.

아마도 절대고독과 싸워야 할 때가 많이 있었을 것이다. 우리들이 과연 자기 주위에 있는 사람의 말에 진실로 귀를 기울이고 있는가? 생각해 보자. 자신의 인간관계는 주변의 사람들에 진정한 관심을 토대로 하고 있는가 말이다. 사람을 움직일 수 있는 유일한 방법은 상대가 원하는 것을 이해하는 것이다. 어떻게 하면 얻고자 하는 것을 얻을 수 있는지 를 보여 주는 것이 매우 중요한 것이다. 얻고자 하는 것을 잊고서는 사람을 움직일 수 없다. 사람 사이에 아름다운 관계를 구축하려면 우선 행복을 충족시키는 데 필요한 기본 조건인 진정성을 바탕으로 해야 할 것이다.

서로 격려해 주는 것이 중요하다

미용의 길에 최고로 잘 사는 것은 오늘 일어나는 변화를 적극적으로 받아들이는 것이라고 본다. 미용 일을 하면서 너무 경제적인 면에만 관심을 쏟게 되면 그 뷰티 샵에서든 미용에 관련된 분야에서든 여러 관계가 오래 유지될 수 없다고 생각한다.

나는 기능장에 관심을 갖고 기능장자격증을 취득하기 위해 학원엘 다니면서, 시험이라는 부담감을 갖지 않고 그냥 재미있게 생각했다. 미용 학원엘 다니기 시작하면서 미용실을 직접 운영하는 원장님들과 만남이 많아서 좋았다. 여러 계층의 미용인이 많고 그야말로 미용 심화과정의 수업이라서 참으로 재미가 있다. 어떤 장소든지 사람이 모이는 곳이면 무슨 일을 시작할 때 반드시 관계는 형성되는데, 사람과의 관계도 그냥 이루어지는 것은 아니다. 반드시 노력과 헌신이 필요하다. 얼마간의 적절한 양보와 배려가 이루어져한다고 생각한다. 양보와 배려가 없으면 서로에게 불만이 쌓일 수 있다.

나는 이곳 미용학원에서 서로의 장점을 발견하여 그 장점을 계속 키워나가면서 서로 격려해 주는 것의 중요함을 깨달았다.

서로가 성장하는 것을 돕는 과정에서 주변 사람과의 관계는 더욱 강해지고 흔들리지 않을 만큼 견고한 사이가 되는 것을 느낄 수가 있다. 자칫 의존적 관계는 더 돈독해 보일 수 있다. 실제로 물질적 관계는 그 에너지가 다하면 쉽게 끊어지는 경우가 빈번하다. 정신적 에너지를 공유한 사람은 물질이 다하여도 그 관계를 오래 유지할 수 있다.

원만한 인관관계에는 열정과 때로는 헌신이 필요하다. 자기중심적인 지금의 현대사회에서 필요한 것은 다른 사람과 평생 동안 끈끈이 지속될 결속력을 다지는 일이다.

미용학원에서 만난 원장님은 두 개의 미용실을 경영하고 있다. 이 원장님에게는 보통 미용인과 분명히 구별되는 승자의 인생이 있다. 그리고 무엇보다도 같은 미용 일을 한다는 것과 성격이 맞는다는 것이다. 같은 미용 일을 하면서 마음이 맞는 미용인을 만난 것은 서로에게 기쁜 일이다. 그 원장님은 아주 젊어서부터 마음고생을 많이 해서 그런지 상대방을 배려하는 마음이 깊다. 우선 나를 알아주는 친구 같은 사람이다. 사람의 인연이란 이렇게 발생되는 것인가 보다.

일단 나를 알아주고 내 마음을 헤아려 줘서 늘 고맙다. 나로 하여금 용기가 생기고 할 수 있다는 자신감의 화신으로 만들었다. 우린 어느새 아주 많이 가까워졌다. 그런데 하나 재미있는 것은 사투리를 버리지 못하는 거물이다. 아무리 나이를 먹어도 좀처럼 사투리에서 빠져 나오지 못하는 사람이 있다. 표준어를 자유자재로 구사해야 대접받는 시대인 것 같이 느껴지는 오늘날에 사투리의 울타리 밖으로 나오지 못하는 것도 하나의 핸디캡이 될 수 있을 것이다. 그러나 사투리에서 쉽게 빠져 나가지 못한다고 해도 걱정할 필요는 없다고 생각한다. 오히려 사투리에서 벗어나는 것을 서글프게 느껴야 한다. 이 원장님은 틀림없이 평범을 거부하고, 남보다 특별한 무엇인가를 꿈꾸는 사람일 것이다. 성공의 유일한 비결은 다른 사람의 생각을 이해하고 상대의 입장과 아울러 상대방의 입장에서 생각하고 바라볼 줄 아는 능력이다. 성질 급하고 감정 조절 못해서 사람과 사람 사이의 관계에서 손해 보는 사람들을 볼 때 조금만 참으면 괜찮을 텐데 하는 생각이 든다.

약속을 잘 지키는 것은 타인에 대한 예의라는 측면에서도 중요하지만 그것과 함께 자신의 미용 일이나 미용업무 수행 능력과 태도에 대해 타인으로부터 신뢰를 얻게 되어 성공의 중요한 요소인 든든한 빽을 스스로 형성할 수 있다는 점에서도 중요하다. 그렇게 만들 수 있다는 것 자체도 그 사람의 능력이다.

지금 당장 눈앞의 손익만 따지는 이해타산적 관계는 나중에 그 몇 배의 손실로 돌아올 수 있다. 그것은 장래 수입의 감소로 나타나게 된다. 사람의 행동은 마음속의 강한 욕구에서 생기기 마련이다. 같은 미용의 길을 함께 공유한다는 것은 든든한 것이다.

본인이 아닌 타인과 원만히 협력하는 방법을 익히고 배우면 우리 미용인들의 삶은 더욱 원만해 질 것이다.

'센스'라는 말을 들으면 나는 힘들 때 여유를 갖고 웃을 수 있는 것이 떠오른다. 이성의 눈에는 보이지 않지만 동성이기 때문에 간파하는 부분이 있다. 가령, 착한 척 하는 여자는 이성에게는 인기가 있으나 동성에겐 미움을 받게 되거나 싫어하게 된다. 정직하지 않다는 것이다.

사람이 나이가 들면 아무래도 이성보다 동성이 편하다. 동성이 좋아하는 사람이 되려고 노력하는 것은, 즉 사람과의 믿음을 중시하는 사람이 되는 것이다. 그것은 인간적인 성장인 것이다. 그리고 사람으로서의 센스를 갈고 닦는 것으로 이어지기도 한다. 사람이 사람을 좋아해 주는 것은 아주 근사한 일이다. 그렇게 되기 위해서 노력하는 것은 정말 존경할 만한 일이다. 잘 생각해 보고 주위의 착한 사람들과 많은 만남을 가져라.

힘든 상황에 처했을 때에는 그 사람이 가진 품성이 드러나는 법이다.

그 사람이 평상시 '인간관계'에 대하여 어떤 생각을 갖고 살아 왔는지 확연히 드러난다. 서로 어려울 때야말로, 그 사람이 품고 있는 센스가 엿보이는 것이다.

미용 인생에 낭비는 없다. 자신에게 투자를 해야지만 센스가 생긴다. 자신의 마음을 키우는 것에 열정이 있어야 센스를 키울 수 있다. 센스로 인해 스마트한 감각이 생길 수도 있다.

내 인생의 좋은 친구들

우리 미용인들은 최고의 친구에게서 무엇을 기대하고 살까? 과연 최고의 친구란 미용인이 생각할 때 어떤 것이며 어떤 성격을 가지고 있어야하는가? 또 자기의 친구가 어려운 상황에 처했을 때 그 친구를 어떻게대해야 할까? 하는 생각들이 많다.

좋은 친구만큼 든든한 재산이 이 세상에 또 어디 있을까? 자꾸 세월이흘러 나이를 먹으면서 깊이 생각하게 된다.

나는 모든 사람들을 만날 때 무조건 그 사람의 장점만 보려고 노력하는사람이다. 그렇게 되면 일단 내가 행복한 마음이 생기게 되는 걸 느낄수 있다. 단점을 보려 하면 내가 불편하기 때문에 나를 위해서 언제나장점 찾기에 열을 올린다. 그래서 주위사람들의 말은 별로 문제삼아 듣지도 않거니와 그런 결점을 발견했다 해도 그리 대수롭게 여기지 않는다. 이 세상에 결점이 없는 사람은 아무도 없다. 누구에게나 장점과 단점이 있기 마련이다.

우리 생활의 많은 부분은 친구나 주위의 사람들에 의해 좌우된다. 사물과는 달리 인간은 내적 동인에 의해 조정되어 계획적으로 행동한다. 그리고 서로가 서로를 지각하기 때문에 서로에 대해 반응하기도 한다. 친구가 자신에게 주의를 기울이는지 아닌지 즉시 알아차린다. 또한 다른 사람이 자신에게 호감을 갖고 있는지 무관심한 지도 즉시 알아차리기도 한다. 그 느낌은 바로 행동에 영향이 미친다. 친구를 격려해주면 더 적극적으로 다가온다. 하지만 자신을 낮춰보는 사람을 만나면 실수를 저지른다.

솔직하고 따뜻한 천성

사람에게는 타고난 '재능'이 있다. 이것은 또 누구나 다가오게 할 수 있는 재능으로 바로 솔직함과 따뜻함이다. 이런 사람은 언제 어디서나 주목받는 사람이 된다. 물론 외모나 집안, 학벌로 간혹 주목을 받는 사람도 있지만 나는 그렇게 생각하지 않는다. 솔직하게 먼저 다가가고 따뜻하게 먼저 마음을 여는 것이 중요하다고 생각한다. 그러면 자신에게 순수하게 흥미를 느끼고 마음을 열게 된다.

사람들이 가끔 착각하는 것을 볼 수 있다. 좋은 면만 보고 친구라고 하는 사람들은 대부분 좋은 시절에만 친구 일뿐이고 그 시절이 지나가면 우정도 사라지곤 한다. 특히 나이가 들어서 미용 일로 만나는 친구들은 처음엔 가까워지기가 무척 힘이 드는 것은 사실이다. 나는 개인적인 생각으로 솔직한 사람을 좋아한다. 미용의 일로 만나 사귀게 된 친구 중에서 한 친구는 내가 그 친구를 사랑하듯이 나를 많이 사랑하고 아낀다. 우리 미용인들의 삶 속에서 이런 기준을 만족시키는 친구들이 많으면 많을수록 재산이라고 생각한다. 친밀함을 나누는 경험과 믿음을 주는 사이는 좋은 인간관계의 기본 조건이라고 알고 있다. 인간관계의 폭이 넓은 사람은 재미있는 일과 자극적인 일도 많아 인생이 참으로 신이 난다. 그래서 연장자와도 우정을 나누는 경우엔 무척 많은 도움을 받게 된다. 연장자와의 만남은 지금 당장 현실적으로 도움이 안될지 모르지만 언젠가 인생의 훌륭한 전환점이 되어 주기도 한다. 그들의 인생이라는 보따리에는 수많은 보물 같은 사연들이 가득 들어있다. 필요할 때 아낌없이 조언을 해주는 연장자를 만난다는 것은 그야말로 큰 행운이기도 하다. 연장자 친구와의 교제는 마치 내가 살아온 세월만큼이나 시간을 단축시켜주기도 한다.

그리고 좋은 친구의 참된 우정은 어려울 때 드러나며 진실을 통해서만이 지켜나갈 수 있다. 그러한 우정들을 지키려면 또 스스로가 만족할 줄 알아야 한다. 그래서 우정을 계속 지켜나가는데는 남다른 끈기가 필요한 것이며, 그것만으로도 서로가 존경받아 마땅한 것이다. 나이가 들어 만나는 친구면 자신의 행동을 절제할 줄 알아야 하겠다.

미용인생에 아무런 영향력을 행사할 수 없는 친구라 할지라도 함께 가는 미용의 길에서는 언젠가 만나며 미용의 길이 멀고 긴듯하지만 손바닥만큼 좁은 곳이 미용의 길임을 알아야 한다. 그래서 친할수록 예의를 지켜야 그 만남이 오래가는 것이다. '기쁨의 친구'를 가지도록 우리 미용인들은 노력해야 할 것이다. 만일 없다면 지금부터라도 얻도록 힘써야 한다.

기쁨의 친구를 얻는 가장 좋은 방법은 아마도 스스로가 먼저 상대방에게 기쁨의 친구가 되어 주는 것이다. 진심으로 기쁨을 함께 해 주는 친구는 슬픔이 올지라도 기쁨으로 바꾸어 주게 될 것이다. 즉 친구란 서로에게 행복의 창조자가 되는 것이다. 가령 자기의 가까운 친구가 성공하게 되면 진실된 친구인지 가짜 친구인지 알 수가 있다. 친구의 성공을 진심으로 자기의 일인양 행복해 하는 친구가 진짜 친구 아니겠는가?

여하튼 '지위'가 있을 때만 곁에 있는 친구와 '참된 인생'의 친구를 혼동하지는 말아야 한다. '지위'가 있을 때의 친구는 진정한 친구가 아닐 것이다. 모든 만남의 결과가 다 긍정적인 것만은 아니다. 그러므로 나쁜 영향을 끼칠 수 있는 상대에게도 배울 점을 찾아내는 것은 각자의 능력에 있다. 조심하지 않으면 쓸모없는 일에 정신을 빼앗기게 되어 모든 하는 일에 마비가 올 수도 있다. 흥미든 비판과 비난이든 그것 때문에 정신과 육체의 힘을 허무하게 낭비하게 될 수도 있다는 말이다. 그래서 어떻게 생각하면 친구를 사귀는 데에도 인생은 자신과의 투쟁이다.

인맥

인맥은 성공으로 가는 길에서 가장 중요하다고 생각한다. 또 많은 가치가 있고 뒷받침이 된다. 사람은 누구를 만나느냐에 따라 자기 인생이 달라질 수가 있다. 그런가 하면 반드시 남의 인맥으로 성공이 이루어지는 예외도 있다. 이와 관련된 중요한 사실은 당신이 미용에서 성공을 거두기 위해서, 또는 당신의 개인적인 성공을 이루기 위해서는 가장 우선적으로 스스로 열정과 성과를 보여주어야 한다. 어떤 미용인들의 모임에서든 가능하다면 많은 인맥을 만들라. 그리고 당신을 알려라. 상대방에게 당신의 관심을 보이고 질문하고 대화하라. 기회가 생길 때마다 질문하고, 귀 기울여 들어주고 상냥하고 다정한 사람이 되어서 새로 사귄 친구들을 잘 관리하라.

언제나 뭔가 필요가 있을 때만 연락을 한다면 당신은 오랜시간 사귈 수 있는 친구를 만들 수 없게 된다. 늘 이용하려고만 하는 사람과 오래 관계를 유지하려는 사람은 아무도 없다. 중요한 것은 인간적인 관심을 가지고 있음을 보여주어야 한다. 도움의 손길이 늦는다고 화내지도 속상해 하지도 마라. 시간을 두고 만나다 보면 언젠가는 당신의 마음을 보여줄 수 있는 기회가 생기게 된다. 좋은 유대관계를 위해서는 당신의 희생과 시간을 투자해야 한다. 당신이 정성껏 진실로 관계를 유지하면 당신이 필요할 때 도움을 얻게 될 것이다. 언젠가 당신이 계획하고 있는 일에 대해 열정적으로 도와줄 것이다. 그러니 한 가지 명심해야 할 것이 있다. 인간관계에서는 절대로 일방통행로가 아니다라는 것이다.

사람들은 모두 자기를 좋아해 주고 잘 평가해 주는 사람을 원한다. 어떤 사람은 주위 사람들이 뭐라 해도 신경 안 쓴다는 사람이 있기는 하지만 그런 사람이 속마음으로는 더 원할지도 모른다. 여하튼 그것은 진심이 아니라고 생각한다. 얼마 전에 나는 평소 잘 아는 교수님께 미용 강의를 잘하는 사람을 소개시켜 달라는 부탁을 받았다. 부탁! 그렇다. 그 어떤 일도 혼자서는 이룰 수 없다. 세상 모든 일에 있어 우리는 누구나 상호의존 관계에 있다. 혼자서는 오래 서 있을 수도 없다. 누군가가 버팀목이 되어줄 때 오래 설 수 있는 것이다.

인간관계는 나이와 더불어 신중해진다. 성격상 젊어서는 만난 지 몇 분만에 의기투합해서 여러 사람들과 잘 어울리기도 했는데, 나이가 듦에 따라 관계에 좀 더 신중해지게 된다.

40대 이후로는 미용인들보다는 타 업종 사람들과 교류가 잦은 편이다. 인간관계의 폭이 넓어진 셈이다.

시간을 최대한 활용해 자신을 갈고 닦으며 새로운 정보를 얻고자 동분서주한다. 다채로운 경험은 예측할 수 없는 기쁨을 맛 볼 수도 있게 하고 인생을 행복하게 하기 때문이다. 인간관계의 폭을 넓히고자 노력하다 보면 신선한 충격과 예기치 못한 행복이 찾아온다. 학교를 졸업하고 나면 하나 둘 소식이 끊어지기 마련인데, 물론 자신의 사생활을 온전히 지켜 빈번히 연락을 취하는 사람도 있기는 하지만, 사회생활하면서 연장자나 사회적으로 영향력 있는 사람들과 어울리는 야심가들도 있다. 물론 각각의 차이는 있겠지만 살면서 인생의 모델을 정해 놓고 배우려는 학습형의 모습도 바람직하다. 젊은 세대와 가까이 어울릴 수 있는 사람은 마음이 젊고 행복한 사람인 것만은 확실하다. 미용을 통해 삶의 즐거움을 나누고 싶은 것이 나의 마음이다.

자기와 다른 세계를 본다는 것은 다른 가치관을 가지고 사는 사람과의 교류를 통해 자신에게서 새로운 뭔가를 창출해 내고자 하는 것이다. 따라서 발전이 없는 인간관계는 빨리 정리할 수록 좋다. 그렇지 않으면 아주 빠른 시간 안에 최고의 친구를 발견하기를 바란다. 친구는 삶을 풍요롭게 하고 기름지게 만드는 힘의 원천인 것이다. 친밀한 친구관계를 누리며 살기 위해서는 누구든 좋은 친구를 만나야 된다. 친구도 좋고 배우자도 좋다. 자기의 가치를 인정해 주는 동성 친구를 만나서 친밀함을 나누는 경험을 하면 정신건강에도 좋다. 그리고 미용인생을 적극적으로 찾아 나서는 미용인이 되어야 한다. 좋은 친구를 얻게 되면 한 번의 경험이 또 다른 경험으로 발전되고, 한 번의 친밀한 경험이 더 좋은 친밀함으로 이어지게 된다. 그리고 마침내 서로가 서로에게 '좋은 동반자'로 이르게 된다. 한 사람의 친구를 만나는 것도 큰 행운이라는 것을 명심하도록 하자.

그러나 그 행운도 그저 얻어지는 것이 아니다.

적극적으로 찾아 나서는 미용인만이 비로소 가능한 것이다. 다시 말해서 좋은 친구 한 사람 만나는 것이 미용의 일을 하면서 일생에 다시 없는 축복이다. 좋은 친구는 미용의 꿈을 함께하며 미래의 노후의 미용생활까지 길을 같이 걸어가는 사람이다. 그러므로 좋은 친구는 서로 떨어져 있어도 마음이 통한다. 물론 함께 있으면 더욱 빛이 나는 법이다.

우리 미용인생에서 의미를 찾고 그것을 달성할 미용인 역시 나 자신이다. 그리고 목표가 분명하다면 그것이 나를 그곳(목표)으로 향하게 이끌어 줄 것이다.

미용을 하면서 가장 보람을 주는 요소가 무엇일까? 저자인 경우엔 미용을 하면서 다채로운 경험과 여러 다양한 직업의 고객들을 만나고 자신의 잠재력을 깨닫게 해 주는 능력이었던 것 같다. 미용의 일이 신나거나 혹은 힘들고 지루할 때나 재미있을 때 그때그때마다 그 모든 것이 나 자신을 표현할 수 있었던 기회였던 것이다.

우리 미용인들은 내면을 주시해야 한다. 겉의 외향적인 모습은 다채롭다. 그렇기에 무지로는 껍질의 안쪽을 보지 못하고 내면에 이르러야 기만에서 벗어남을 알아야 한다. 우리 주변에서 성형수술 후 얼굴이 예뻐짐으로써 성격이 밝아진 사람을 볼 수 있다. 그러나 모두가 그렇게 되는 것은 아니며 똑같이 예쁜 얼굴이 되어도 성격이 전혀 달라지지 않는 사람도 볼 수 있다. 중요한 것은 '마음' 인 것이다. 마음이 이미지를 좌우한다는 것이다. 얼굴이 예쁘지 않다거나 키가 작거나 뚱뚱하다, 대머리이다, 코가 납작하다 등의 사소한 신체적인 결함 하나에도 남을 의식하며 스트레스를 느낄 수 있다. 그러나 남은 실제로 자기가 신경 쓰는 만큼 신경 쓰지 않는다. 결국 외모보다는 마음이란 걸 우리는 알아야한다. 사람들에게 호감을 사는 것은 밝고 적극적이고 서글서글한 사람이니까 말이다. 그러므로 고통 없이 얻는 것은 의미가 없고 그 소중함을 모르기 때문에 가치를 모른다. 사람의 향기는 그 사람이 살아온 대로, 걸어온 대로 내면에서 풍겨 나오는 것이다. 그 향내는 숨길 수도 없고, 멀리 입에서 입으로 전달되고 아주 오래 남는다. 꽃향기나 향수 냄새는 바람결에 따라 떠다니고 물건은 광고로 알려지지만 사람의 향기는 마음에 머물러서 우리의 마음을 움직인다.

다음은 기 코르노의 〈마음의 치유〉중에서 나오는 말인데, 깊은 의미가 담겨 있는 글이라서 몇 자 인용해 본다. "모든 것에는 고통을 치를 가치가 있다. 위기, 고통, 실망, 아픔 그 모든 것! 완전한 행복을 알게 하기 위해서 그 모든 것이 존재하는 것이다"라고 쓰여져 있다. 인생에서 고통과 절대고독 없이 힘들지 않고 얻은 것은 생명력이 짧고 가치도 모르는 법이다. 고통이 우리를 단련시킨다고 했다. 즉 고통이 우리를 바르게 키워준다는 이야기이다. 행복은 고통의 감내, 고통의 인내와 비례한다. 이 말은 저자가 사십 중반 인생을 살아오면서 절대적으로 공감하는 부분이다. 미용기술을 처음 배울 때 우리들의 모습과 마음가짐을 누구나 기억할 것이다.

성공인의 습관을 가진 사람들과 어울리는 것은 자신에게 좋은 영향력을 주게 된다. 이때 감사의 진실을 모르거나 너무 헤프게 감사하는 일은 안 되는 일이다. 신뢰 또한 쌓는 데는 많은 시간과 노력이 소요되나 한번 실수로 무너지면 회복하기 어렵기 때문에 노력해야 한다.
이렇게 되기 위해서 자신을 먼저 능력 있는 미용인으로 만들어라. 그리고 서로에게 도움을 주는 만남을 만들라. 생각만 하면 필요 없다. 그러므로 행동으로 하라.

이른 새벽부터 일어나자마자 머리에 칼라 만드는 연구로부터 하루를 시작하는 미용실 원장님이 있다. 이런 열정은 참 멋있다고 생각한다. 커트 작업부터 피부미용 등 토탈로 뷰티샵을 운영하는 일을 20년째 일해 온 원장님이다. 미용은 어떤 누가 봐도 쉽지 않은 일이다. 여러 가지 어려울 때도 있지만 우리들은 행복한 미용생활을 하도록 부여 받은 미용인이다. 미용인이 우선적으로 고려해야 할 것은 가족과 함께 하는 시간이다. 가정에서의 시간은 일에 집중할 수 있는 힘을 재충전할 수 있는 시간이다. 그리고 건강을 위해 운동할 수 있는 시간이다. 배우자의 욕구나 가족들의 필요를 해결해 주는 것이니 그들을 도와줄 수 있는 시간들이다. 행복한 생활을 할 수 있는 삶의 미용철학을 발견하려고 분투 노력하고 있다. 행복을 얻기 위해서 우리 미용인들은 강한 생활력과 지혜를 갖춰야 한다. 우리 인생사는 생각대로 되고 마음먹기에 달려 있다고 말하고 싶다. 우선 자기 자신이 먼저 행복해야 한다. 그러나 자기 혼자서만 행복하면 진짜 행복이 아닐 것이다. 주위의 다른 사람들과 함께 행복해야 진정한 행복인 것이다. 그러면 가장 행복한 순간은 어떤 때일까? 아마도 자기 자신이 행복할 때가 아니라 자기가 사랑하는 사람이 행복할 때가 아닐까? 미용 일을 하면서 대부분 친구들을 미용의 일을 통해 많이 만났다. 미용실을 본인은 나름대로 '의자'라고 정의하고 싶다. 여러 계층의 사람들을 인연으로 만나기 쉬운 곳이 미용실이다. 가난한 사람, 부자, 혹은 많이 배운 자와 그렇지 못한 자, 또는 잘생긴 사람과 못생긴 사람 각계각층의 여러 사람들을 만날 수 있어 나는 미용실을 한 마디로 표현하자면 의자라고 표현하고 싶은 것이다. 사람들이 무엇을 원하는가를 발견하고, 능력 있는 사람이 누구인지를 알 수 있고 그들을 어떻게 활용하면 최선의 노력을 기울이도록 하게 할 수 있을까 고민하는 승리의 미용인도 있다. 자기가 어떻게 해야 행복해질 수 있을까? 행복을 가르쳐 주는 곳이 없기에 스스로 열심히 노력해서 얻어야 한다. 그래서 열린 미용에는 마음이 필요하다.

행복에는 두 가지가 있다. 그 두 가지는 지적인 것과 정서적인 것이다. 행복하기 위해서는 정서적으로나 정신적으로 안정되어야 하고 자아를 실현하여야 한다. 행복은 그냥 하늘에서 뚝 떨어져 공짜로 생기는 것이 아니다. 부지런히 노력하고 연습해야 얻을 수 있는 열매 같은 것이다. 행복으로 가는 길은 여러 갈래이지만 방법은 하나이다. 나이를 먹으면서 필요한 것 중에 하나가 종교일 것이다. 종교를 믿든 안 믿든, 또는 어떤 종교를 믿든 우리 모두는 언제나 더 나은 삶을 추구하고 있다는 것이다. 그래서 우리가 추구하는 최고의 목표는 행복이다.

어떤 일이 발생하면 우린 항상 다른 사람을 탓하게 된다. 예를 들어 미용의 일로 교육기관에서든 미용실에서든 많은 사람들을 우리는 만난다. 세상살이에 곤란함이 없으란 법은 없지 않은가?

미용일에서든 어떤 일에서든 성공의 길은 외로움이 있다. 가끔은 외로움도 미용 인생을 더 풍요롭고 아름답게 만드는 비결이 된다.

벌레중에 자벌레가 있다. 그 자벌레는 1cm정도 자로 재듯이 어떤 준비가 되어 있으면 온몸을 접었다가 목표를 달성할 수 있도록 구부림을 펴기 위해서 접었다가 구부리기를 잘한다. 외로운 미용 인생을 헤쳐나가는 준비에 미용의 목표를 달성할 수 있도록 하기 위해서는 어떤 어려움과 외로움을 지켜보는 적극적인 자세가 필요하다.

그러므로 무엇을 어떻게 준비해야 하는지 자기 자신을 구해내는 진정한 미용인이 결국은 더 높은 단계로 발전하는 도약이다.

미용에도 철학이 있다

9장

노후의 미용인

자신의 길을 지켜라.
그리고 정신을 한 곳에 집중해라.

나는 끝까지 나의 목적을 이루리라

-세익스피어의 인생에 대한 조언-
〈햄릿〉 4막 2장

개인의 역사(Personal history)

정말 하고 싶은 일을 찾는 것이 중요하다

'Herstory'는 역사를 뜻하는 영어 단어 History에 항의하는 의미로 만들어진 신조어다.

모건(Robin Morgan)이라는 작가가 1970년에 쓴 〈자매는 강하다 Sisterhood is powerful〉에서 처음 사용한 말인데 나는 전공이 의상학이라서 그런지 예사롭게 봐지지 않았다. Herstory라는 단어는 국내 한 여성 패션 잡지의 이름으로도 쓰였었다. 최근 나의 마음에 강하게 어필할 수 있었던 것은 바로 이 단어가 새롭게 미용 일을 보는 마음의 창이 생기게 했기 때문이다.

대학원 1학기 수업 중에 지도교수님이 페미니즘에 관한 과제물을 주셔서 열심히 레포트를 작성하던 기억이 났다. 내겐 그냥 넘어갈 내용이 아니기에 페미니즘 정신을 가장 잘 대변하는 용어를 들라면 나는 주저

없이 Herstory를 꼽을 것이다. 또 다른 이유는 미용에 관한 페미니즘을 말하고 싶어서이다.

앞에서도 간략하게 말한 바 있지만 의상과 미용은 트랜드가 같다.

페미니즘이란 19세기 중반에 시작된 여성 참정권 운동에서 비롯되어 그것을 설명하는 이론까지 포함하는 개념이다. 페미니즘의 시초는 자유주의에 근원을 두고 있는데 자유주의적 페미니즘에 의하면 여성의 사회진출과 성공을 가로막는 관습적　법적 제한이 여성의 남성에 대한 종속의 원인이다. 따라서 여성에게도 남성과 동등한 교육기회와 시민권이 주어진다면 여성의 종속은 사라진다는 그런 내용이다. 나는 미용의 일을 하는 순간부터 새로운 것들이 보이기 시작했다. 즉 모든 사물을 새롭게 보는 시각이 생겼다. 지금껏 자연스럽게 나만의 활동에만 고정시키는 닫힌 심리를 한층 더 발전시켜 상대의 심리적인 측면까지 영향을 미치는 대중적 영역을 확대시켜 볼 수 있게 됐다.

사람은 누구나 그 삶이 길건 짧건 간에 저마다의 역사를 가지고 있다. 가끔씩 우리들은 시작도 해 보지 않고 후회하는 일이 있는데, 나중에 세월이 흘러 후회하고 억울할까봐서 난 하고 싶은 일은 거의 다하면서 사는 편이다.

어느새 중년의 나이가 되었지만 특별히 내 나이를 느끼고 살지는 않는다. 그래서 20대 젊은 사람만큼 인라인 스케이트도 잘 타고 자전거 타는 걸 좋아한다. 30대 사람들과 노래방에 가서 놀아도 난 어느 누구보다도 신나게 잘 논다. 편안한 40대 후반이다. 곧 50대를 바라보겠지만 앞으로도 언제까지나 나이에 연연하지 않으며 살 수 있을 것 같다. 또 언제까지나 열심히 미용 일을 하면서 살 수 있을 것 같다. 지금 돌이켜 보면 나의 인생은 내가 스스로 만들어 온 인생이었다. 어둡고 컴컴한 아주 긴 터널을 지나 온 기분이다. 그런가 하면 하고 싶은 것은 다 하며 살아 왔기에 난 나름대로 행복하다. 그러나 내가 미용실에서 일을 하면서 박사과정의 공부할 때는 얼마나 가족들이 외로워했을까를 생각하면 남편과 두 아들에게 조금 미안하다. 하지만 나는 옛날이나 지금이나 또 앞으로도 '지금 이 순간'을 소중히 살아가는 미용인의 삶은 바꾸지 않을 것이다.

두 아들이 잘 자라주어 고맙고 남편은 힘이 되어 감사하다. 나는 미용 일만 재미있게 잘하고 건강하게 살면 되기 때문이다. 사람이 봉사하는 자세야말로 진정한 자기실현이라고 생각한다. 미용은 우리 인생을 행복하게 하고 풍요롭게 살 수 있는 동기부여(Motive)가 된다. 긍정적인 생활관을 갖고 여유 있게 살아가는 사람에게는 오랜 세월이 흐르는 동안 어느 순간인지 모르게 훈훈한 분위기가 감돌게 된다. 처음에 선배들 따라 봉사 다닐 때는 그저 아무 생각 없이 했는데 나중에는 진심으로 다가갈 때쯤에는 스스로에게 가슴 뿌듯함을 느끼게 되었다. 즉 봉사는 자기 행복인 것이다. 남들은 돈으로 봉사할 때 미용인들은 재능으로 봉사가 가능하니까 늘 감사하는 마음이 저절로 생긴다. 여하튼 개인의 이익만을 따질 것이 아니라 미용기술의 발전에 이바지하고 사회봉사로 자신의 가치를 높이자. 무언가 어려운 점을 극복하고 성실하게 만들어 가는 사람을 보면 우리들은 감동을 받는다. 자기 자신을 믿고 지금 보다 한 걸음 더 내딛는 자세는 매우 중요하다. 그래야 삶의 의미가 달라질 수 있다. 나는 인생을 개척해 나갈 것이다. 앞으로 얼마나 긴 세월을 살지 모르겠지만 지나간 세월과 다름이 없을 것이라고 생각한다. 인생을 대관소찰할 줄 아는 자세가 필요하다. 일단 어떤 일을 시작해 보면 좋은 것과 나쁜 것이 저절로 걸러지는 법이다. 사람들의 마음에서 오는 두려움은 그 본질보다 작은 것이다. 그래서 먼저 변화를 시작하려면 부정적인 생각을 억제할 수 있어야 하고 부정적인 생각에 사로잡히지 않도록 주의를 기울여야 한다.

타인을 평가하는 데 조심해야 할 3가지가 있다. 첫째는 고정관념을 버리는 것이다. 살면서 다양한 사람들을 만날 수 있는데, 꼭 언젠가부터 고정관념을 가지고 사람들을 대하곤 한다. 물론 안 그런 사람도 있지만 대부분의 사람들이 그러할 것이다. 여러 경험을 두루 겪은 사람들은 지혜롭게 잘 대처해 대부분의 사람들이 그저 "나름이구나"하고 생각하는 사람도 있을 것이고 반대로 고정관념을 갖고 대하는 사람도 있을 것이다. 두 번째는 후광의 효과이다. 어느 한 가지 특성만 가지고 상대를 보고 평가하게 되므로 편견을 갖게 된다. 즉 생각이 마비가 된다. 예를 들어 "부모를 잘 만나서 저 사람은 잘됐을 거야"라든가 "성실한 사람이고 일도 잘하는 사람이니까 정직할거야"라든가 하는 것이다. 정확히 말하면 성실과 정직은 분명히 다르다. 물론 성실한 사람이 정직도 할 수 있겠지만 어떤 배경을 가지고 상대를 평가하지는 말자는 이야기이다. 세 번째는 기대이론이다. 가중치가 같으면 같게 생각하는 것이다. 실제로 어느 회사에서 있었던 일이라고 한다. 실력이 비슷한 사람들을 A반과 B반 둘로 나눠 놓아두고 어느 강사에게 이렇게 말을 하고 강의를 부탁한 적이 있다고 한다. "A반은 우수한 사람들을 모아 놓은 반입니다. 그리고 B반은 열등생만 모은 반입니다."라고 했더니 그 강사가 A반에 들어가서는 수준 있는 강의 내용으로 이끌어 가고 열등반이라고 말한 B반에 들어가서는 준비는커녕 성의 없이 진도를 나갔다는 이야기이다. 즉 사람들은 무의식중에 기대감을 두고 상대를 대한다는 이야기이다.

절대로 한 가지의 특성으로 사람을 판단하면 안 된다는 이야기일 수도 있다. 여기서 하고 싶은 이야기는 단순히 겉모습을 잘 보기보다는 우리가 많은 만남을 가지고 살면서 내가 아닌, 타인을 평가할 때 실수하지 말아야 한다는 것이다.

결심

우리 미용인이 각자가 경험을 한 것은 나름대로 모두 허스토리이다. 미용인의 결심이 주는 것은 대단한 의미가 있다. 그러나 그 결심이 자신 하나만을 위하여 사용한다는 사실은 가슴 아픈 일이다.

인생의 하향길로 접어드는 마흔을 앞두던 서른아홉의 불안한 나이에 결심했던 것이 있었다. 어떤 일이든 하는 일에 최선을 다해 더 나이 들어 나중에라도 후회하지 않게 조금씩 '후회' 라는 것을 줄여 보자는 생각을 했었다. 다만 새로운 인생으로 정말 하고 싶은 일을 하는 것이 중요하다고 생각한다.

미용철학이 어떤 위치에 있느냐하는 물음은 스스로에게는 매우 교육적이다. '하나의 방식', 즉 미래의 자신이 불안했기에 어떤 방향으로 이끌어 가야 할지를 생각하고 생각하는 법을 나름대로 터득했다. 일상에 대한 깊은 통찰이 담겨져 있었다. 무엇을 생각하느냐 이전에 어떻게 생각하느냐를 느끼게 했었다. 그 당시에는 이러한 과정들의 반응이 요점이다.

'곧 마흔인데 이제 내 인생은 틀렸어' 라는 생각에 휩싸여 불안한 마음으로 지내다가 용기를 냈다.

미용실을 운영하고 있던 중에 과감히 공부를 시작하기로 결정한 그 이후 인생행로가 바뀌게 되었다. 안 된다는 부정적인 마음을 내지 않고 오로지 "꿈이 있으면 반드시 실현된다"는 생각의 전환은 참으로 중요했다. 미용철학의 중요성은 기본을 깨닫는 것이라고 생각한다. 자아를 찾는 참다운 미용인으로서, 그리고 가족과의 관계와 사회와의 관계를 통해서 도대체 무엇을 진정 원하고 있는지 스스로에게 묻곤 했었다. 미용의 일을 할 때에 중요한 가치는 무엇인지 얼마의 돈을 벌고 싶었는지 자신의 마음을 헤아려 보았다. 그리고 내가 진정으로 하고 싶은 일은 무엇인가 고민을 했었다. 또 나는 미용인들에게 어떻게 기억되고 싶은가도 고뇌했다. 미용인들 삶의 목적이 지금 이 순간, 어떻게, 그리고 누구를 위하여 살고 있느냐 함은 매우 중요한 일이다.

그리고 나는 무엇을 더 배우기를 원하는가를 나름대로 판단내렸다. 본인의 커리어 패스(Career path)에 대한 생각도 바꿔야 했다. 너무 생각에 많이 잠겨 운전 중 작은 접촉사고를 낸 기억도 있다. 아마 자신의 인생에 그때만큼은 가장 크게 고민을 한 적은 없었던 것 같다.

현재까지 어떻게 살아 왔는지 자신을 되돌아보고 정리를 해 보았다. 그 동안 열심히 했던 미용일과 가정에 충실했을 때마다 달성했던 순간의 행복했던 일들의 경험을 적어 보았다. 그리고 나서 자신의 대한 정체성을 찾아본다.

우리들은 냉철하게 자기의 역사를 되돌아봐야 한다. 나는 누구이며 또 나는 어디에 있으며 나의 장점은 무엇인가를 철저히 노트에 메모를 해 본다.

주어진 시간을 어떻게 쓰는가가 그 당시의 관점이었다. 한정된 시간에 무엇을 버리고 무엇을 취할 것인가를 아느냐 모르느냐가 곧 인생의 성패를 가름하는 것이다. 본인의 히스토리는 미용문제 해결과 노하우를 정립하는 데 중요한 단서를 제공한다. 다시 말해서 끊임없는 도전이고 미용의 일은 결국 자기노력으로 된다는 사실이다.

우리는 살면서 큰 행복 큰 변화를 바라고는 그것이 이루어지지 않는다고 괴로워 할 때가 있다. 인생의 고통 없이 이루어지는 것이 과연 있을까? 본인은 없다고 생각한다. 설령 있다 해도 쉽게 이루어지는 것은 금방 없어진다는 법을 너무나 잘 알고 있다.

작은 변화가 조금씩 하나하나 쌓여 점점 큰 변화를 가져온다는 것을 인식하고 있다. 미용현장에서 일하면서 성실히 대학공부에 열중하는 학생들에게 알린다. 자기가 기울이고 있는 작은 노력이 언젠가는 마침내 자기의 운명을 좋게 만들어 행복을 맞이하게 된다. 오늘만을 생각하는 것은 좁은 마음이다. 즉 내일을 생각하는 넓은 마음으로 주저하지 않는 삶을 살아야 하겠다. 미용능력은 물론 다양한 방면까지도 자질과 능력을 갖추기 위해서 자신과 싸워야 하는 것이 인생이므로 살면서 많은 난관이 존재하겠지만 극복하지 못할 장애는 없다는 생각으로 개인의 능력을 향상시키려 노력하는 것이 매우 중요하다.

우리 미용인들은 감동을 잘 받는다. 살다 보면 누구든 때론 가슴 저미는 미소를 지어본 적이 있을 것이다.

우리들이 잘 아는 유명한 로버트 프로스트의 시 중 '가지 않는 길'을 생각해 보자. 인생의 숲길을 가노라면 반드시 갈림길에 서게 된다. 남이 가지 않는 길을 선택하기란 쉽지가 않다. 그러나 남이 가지 않은 길을 감으로써 또 하나의 새로운 숲길이 생겨나듯 저마다의 역사가 새롭게 시작될 수 있다. 사실 우리가 알고 있고 겪고 있는 모든 괴로움은 좋아하고 싫어하는 이 두 가지 분별에서 온다고 해도 과언이 아니다. 혼란에 빠지면 기존에 있던 윤리의식이 파괴되고 행동은 시간이 지나면 마치 관습처럼 음지에 전해 내려오게 된다. 그러니 너무 좋아 할 것도 너무 싫어 할 것도 없다. 미워하더라도 거기에 오래 머물러서는 안 된다. 한 번 주어진 생애에 가장 값진 일을 효과적으로 할 수 있는 길은 현명한 시간관리라고 절실히 느낀다. 그리고 인생은 도전의 연속이다. 우리는 종종 자신과 다른 식으로 생각하는 사람을 고지식한 바보로 취급하는 경우가 있다.

단 하루도 도전이 아닌 날이 없다. 한 동네의 한 건물에 그것도 아래 윗층마다 미용실이 여기저기 너무 많다. 하루하루와 매 시간이 경쟁일 수 있다. 곳곳에 장애물이 있고 열심히 해도 벽을 만나게 된다. 그럴수록 우리 미용인들의 마음과 생각은 바로 행동으로 함께 가야 한다. 사명감으로 뛰는 마음이면 더욱 좋겠다.

인생의 변수

미용인들과의 만남의 생활이 하찮은 질투와 불확실성으로 가득 차 있다는 것을 이따금씩 느끼게 한다. 먼저 쉽게 앞서 갔다고 기죽이지 마라. 남들이 멋대로 정해놓은 한계를 믿지 말라. 아무리 슬픈 눈물도 언젠가는 반드시 마를 날은 온다는 말을 명심하라. 저자는 남들이 정한 내 능력의 한계를 믿지 않았다. 얼마든지 인생에는 변수가 있고 인생역전이 있다는 것을 믿었다. 미용기술과 학문뿐만 아니라 모든 일에는 인내가 필요한 법이다.

몸 값 높은 사람을 본받아라

반복연습만이 요구되는 미용기술 습득이 힘들고 고되어도 미용의 일에 천천히 대응할 줄 아는 인내심을 목표로 세우라. 그리고 야심을 가져라. 미용일을 해보면 그리 힘든 일만 있는 것도 아니다. 그래서 미용인이 위기에 대처하다 보면 성공 주기를 오히려 가속화할 수 있다. 과거에 미용기술 습득에서 부딪힌 문제를 성공적으로 해결한 미용인들은 새로운 문제가 닥쳐도 위기감을 덜 느꼈을 것이다.

그래서 미용의 잠재력을 가진 사람들은 어떤 위기극복에 성공하거나 역경을 무사히 극복했을 때 더 강하게 보이곤 했다.

자기가 경험을 한 것이 히스토리이다. 나이가 들어가면서 스승은 결국 자기 자신임을 알게 될 것이다. 우리들은 개개인마다 분명 자기만의 히스토리가 있다. 다른 사람들도 저자와 똑같이 슬픔과 외로움을 겪었고 때로는 인생의 우여곡절이 있었을 것이라고 추측해 본다. 그러므로 가장 중요한 것은 자기만의 역사를 만들고 미래를 만드는 것이다. 머리로 아름다움을 창조하는 미용인들과 피부미용인들 또는 이용사분들이 작업 자체에서 만족감을 느낄 것임이 틀림없다. 즉 미를 창조하는 즐거움이 있다는 것인데, 미를 창조하는 직업에 종사하는 일이니 만큼 거기에는 아름다움을 생각하는 마음의 작용이 들어있는 것은 당연한 말이다.

그렇다면 개인의 역사라는 것은 과연 어떤 것일까? 모든 사람들에게는 각자 나름대로 원칙이 존재하는데, 그 원칙을 자세히 살펴보면 서로가 똑같은 것이 하나도 없다. 따라서 우리들은 누구나 자신의 원칙을 갖고 있고 그 원칙에서 벗어나려고 하지 않는다. 즉 마음의 평정이라든가 건강문제와 인간관계에서나 개인의 휴식 등의 모든 것이 희생될지라도 그 원칙만은 반드시 지키려고 힘쓴다. 모든 사람들이 자기 자신만의 원칙만 옳다고 내세운다면 마치 따로국밥과 같이 제각기 진행되어 질 것이다. 그리고 자신의 원칙이 지혜롭지 않거나 현명하지 못할 수도 있다. 다채로운 경험과 다양한 체험으로 열정을 지니고 남을 배려하는 사람이라면, 상호 간의 협력으로 조화를 잘 이루어야 된다는 것을 명심해야 한다. 예를 들어 사소한 일이라도 노력한 만큼 성과를 얻는 법이라고 말 하는 사람과 또는 어떠한 노력에도 쓸모가 없는 법이라고 말하는 두 사람이 있다고 보자. 전자의 사람과 후자 쪽의 사람은 반드시 뭐가 달라도 다를 것이다. 미용기술 습득과정을 보면 알 수 있듯이 아무리 하찮은 노력일지라도 애쓴 만큼 효과를 내는 법이다. 할 수 있는 것은 모두 하라. 우리들이 나이가 점점 들어간다고 생각하기보다 매일 조금씩 자기 자신이 성장하고 있다고 생각하는 것은 매우 바람직하다. 아직까지 못 했던 좋은 일을 바로 시작해 보자. 스스로 직접해 본 결과를 평가하고 자신감을 갖는 것이 중요하다.

그렇다고 자기 자신을 너무 대단하게 생각하지는 마라. 그러나 완전히 믿을 수는 있어야 한다. 부지런히 만반의 준비를 하라. 창의적으로 생각하라. 그리고 지적으로 깊이 생각하라. 절대 과로하지 말고 여유를 가져라. 미용일을 하면서 할 수 있는 것은 모두 하라. 겸손하고 낮은 자세로 그러나 자신에 대한 확신과 비전을 갖고 혼신을 다해 도전을 하고 그 나머지는 섭리에 맡기는 태도를 갖추자. 이렇게 하다보면, 어느 사이 정말 대단한 미용인으로 거듭날 것이다.

수미일관(首尾一貫), 참 멋진 말이다. 처음과 끝이 한결같기가 쉽지 않기 때문에 더욱 그렇다. 무슨 일이든 처음에 품었던 마음 그대로 끝까지 혼신을 다하면 목표를 이룰 수 있다.

미용인의 멋진 노후가 더욱 중요한 과제가 되고 있다. 잘 늙어가는 것이 무엇인지를 가끔 생각하게 된다. 나이가 들수록 향기 나는 미용인으로 늙어가는 사람이 아닌가 싶다.

향기를 잃어 잘못 나이 들어가는 미용인이 되서는 안 된다. 가장 값진 것은 삶이고 삶 속에서 가장 중요한 것은 시간임을 요즘 들어 자꾸 느끼게 된다. 삶을 이루고 있는 것이 시간이기 때문이다. 한 번 지나가면 끝이기 때문이다. 그래서 삶을 허비하는 것은 엄청난 실수라고 생각한다. 정말로 성공적인 미용의 삶을 위한 자기관리에는 그 기초가 시간 관리가 이어야 한다.

시간은 누구에게나 평등하게 주어진 인생의 자본금이라는데 시간을 아끼기 위해 미용이든 어떤 일을 하는 데 있어 사전에 그 일에 대해 미리 생각해 두자. 준비가 철저한 미용인이라면 미용의 경쟁에서 반드시 이긴다는 것은 두말 할 필요가 없다. 사전 준비가 철저한 사람은 자신의 시간을 잘 관리할 수 있어 어떤 일을 하게 될 때 다른 미용인들보다 여유가 있고 더 일을 잘 처리할 수 있는 법이다. 사전 준비가 철저하지 못한 사람은 시간에 끌려가게 되어 허겁지겁 일을 해 나가야 하기 때문에 일을 잘 처리 하지 못하게 되어 결국 경쟁에서 남보다 뒤처지게 된다.

자기 이미지는 그 사람의 생각과 행동만이 아니라 인생에도 커다란 영향을 미친다. 지금 혹시 나이 때문에 안 될 거야라고 생각하고 있는 미용인이 있다면 생각을 바꾸라. 세상을 조금씩 바꿔가는 여러 가지 일 중에 미용의 일은 그 무엇보다 멋있고 의미 있는 일이다. 사람이 세상에 태어나서 한 번 해 볼만한 일 중 하나라고 생각되어 진다. 매일 자기를 가꾸고 자신의 성장을 위한 노력은 미용의 힘이다. 자신을 조금씩 아름답게 바꿔어 가도록 하자. 현재까지 어떻게 살아 왔는지 자신을 되돌아보고 정리해 보자. 특별히 자기가 열심히 했던 일들, 그때마다 달성했던 것들, 즐거웠던 것 등의 경험을 개인의 역사로 적어 보자. 참다운 봉사는 남을 위해 무언가 할 수 있다는 것은 정말 기쁜 일이다. 그런데 세상에는 별사람이 다 있다. 남을 위해 일하고도 즐거움을 모르는 사람이 있는가 하면, 오히려 기분이 나쁘다는 사람도 있다. 기껏 남을 위한다는 게 결국 자기를 불쾌하게 만든다는 건 비극이 아닐 수 없다. 차라리 안함만 못하다. 문제는 마음의 자세이다. 남을 위해 하는 일도 자신의 갈등을 해결하는 수단이어서는 결코 유쾌할 수 없을 것이다. 즉, 순수한 정신에서 해야 한다. 즐거운 마음으로 해야 하고도 즐거운 법이다. 감정의 물결은 주위에 강하게 전염된다. 그래서 즐거운 자기의

얼굴은 남을 즐겁게 해 줄 수 있다. 베풀되 바라지 말자. 바라지 않을
만한 실력을 쌓자.

이 세상 누구도 인생을 대신 살아 줄 수는 없다

자기의 의지로 결심하고 행동하자. 그리고 그 결과에 대한 책임도 자기
가 져야 한다. 가장 가까이 있는 사람을 사랑하는 것이 영원하지 않음
을 잘 알고 남에게 피해도 주지 말자. 그러한 열정의 대가로 아름다운
노년을 준비하자.

우리 미용인은 아름다운 노년에도 무엇인가에 열정적으로 몰두한다면
젊음을 발견할 수 있을 것이다. 살다보면 두려움에 직면하는 순간이 있
다. 두려울 때 두려워하지 않는 것이 용기이다. 기회는 두려움과 함께
다가온다고 했다. 자기가 찾는 그 길은 눈에 보이지 않기 때문에 찾기
가 힘들다. 아무도 그 길을 보여줄 수 없어서 각자 자기 힘으로 그 길을
찾아야 한다.

미용의 길은 넓고 열린 길도 많다. 그러나 여러 갈래 길을 모두 걸어갈 수
는 없다.

누구나 오로지 자기의 길이 있을 뿐이고 각자 자기 가는 길이 있다. 올
바른 길을 찾아가는 것 그것이 미용인생이며 의미 있게 살아가는 미용
인의 모습이다. 스스로 미용의 일에 감각이나 감성이 절대로 노화되지

않도록 노력해야 할 것이다. 그래서 우리 미용인들은 미(美)를 보고 느끼고 즐기기 위해 또 미를 낳도록 해야 한다.

인생 이모작

자연스럽게 받아들여라

중년기에는 자기신뢰, 자기수용, 그리고 자기인식을 긍정적 노화의 중요한 면이라고 강조하지만 노인들은 남에게 인정을 베풀고 그들과 좋은 대인 관계를 가지는 '타자 지향성'과 변화를 수용하는 태도를 중요시한다. 미국의 링컨 대통령은 나이 사십이 되면 자신의 얼굴에 책임을 져야 한다고 말했다. 우리가 젊었을 때는 너나할 것 없이 젊음 하나로 어떤 결점이나 단점도 커버될 수 있다. 그러나 중년이 되면서 그동안 살아온 생활수준이나 직업, 학력, 건강, 사회적 위치 등으로 어느새 자신도 모르게 저절로 라이프스타일이 되어 버리므로 그가 어떻게 살아왔고 현재의 위치가 어떻다는 것이 얼굴에 나타나게 된다. 건강하고 오래살고 싶으면 쉬지 않고 끊임없이 일을 해야 한다. 역사라 함은 오랫동안 발전해 온 사회적 역량의 표현이다. 진짜 노화란 육체가 늙는 것은 물론이고 정신도 늙는 것을 가리킨다.

겉으로 보기엔 육체적인 일이 많은 듯하지만 정신력이 필요한 분야는 뭐니뭐니해도 미용의 일이다. 지혜롭게 살아가기의 축복받은 미용에서 말했듯이 미용은 바로 자기 치료제이기도 하기 때문이다.

미용의 일을 하다 나이가 점점 들면서 깨닫게 되는 것인데, 행동체력과 면역력보다는 먼저 더 중요한 것이 바로 정신력임을 많이 느끼게 한다. 아무리 어렵고 큰 문제도 포기하지 않고 꾸준히 하다 보면 언젠가는 해결책이 다가온다는 것이다. 정말로 어렵고 힘들 때의 온갖 힘든 고통을 무릅쓰고 잘 견디어 온 것을 생각하면 진짜로 다행이라고 생각한다.

세월은 우리를 기다려 주지 않는다. 흐르는 세월에 맞춰 자기 변화를 제대로 하려면 사고방식이 아니라 행동방식이 우선되어야 한다. 자기만의 경영의 3가지 요건을 생각해 본다. 첫째, 나는 무엇을 잘하는가? 잘 할 수 있는가? 둘째, 무엇을 하고 싶은가? 셋째, 이 시대에 맞는 생각과 행동은 무엇인가를 생각해서 흐트러진 자아 이미지를 회복하는 것이다. 누구에게나 자기 본질이 있다. 난 인생을 편안한 마음으로 인생을 느끼고 싶은 사람 중 하나이다.

인생은 만들어 지는 것이기에 인생은 이모작이다. 누군가 고통을 겪을 때 같이 느끼려 해도 인간적인 고뇌는 고통을 스스로 겪어봐야 자기세계의 내면은 전적으로 동의하게 된다. 노후의 행복은 건강에 좌우된다고 말한다. 누구나 언젠가는 나이가 드는 것이기에 노인이 되어가는 사실을 인정하고 받아들이는 자세는 매우 필요하다. 세월의 흐름을 진지하게 받아들여서 인생 이모작을 준비해야 한다. 노력과 시간을 투자해야 자신은 성장되어지고 운명은 바뀐다. 그렇게 자신의 인생에 대해 진지하게 관심을 기울여야 할 것이다.

나의 인생에서 가장 행복한 시기가 지금이다. 왜냐하면 행복의 기본조건인 자신의 처지를 잘 이해하고 있기 때문이다. 중년기에 접어들면서 시력이 예전처럼 좋은 상태를 유지하지 못하기도 하고 폐경의 일을 겪게 되는 세월이 남긴 불가피한 흔적을 방지할 수 없게 되었지만, 신체적 기능이 여러 측면에서 변화를 보이기 시작했기에 어쩌면 앞길이 창창한 나이에 벌써부터 나의 노후를 염려하기도 한다. 미용직업에 종사하는 미용인은 자신의 장래성에 대해 현실적인 관점에서 한 번쯤은 점검해 보아야 한다. 나이가 들면서도 우리 미용직업에 좌절을 맛보지 않겠다는 각오를 다져야 할 것이다.

언제까지 미용직업에만 열정을 지속적으로 유지해 나가는 미용인은 그다지 많지 않을 것이다. 미용공부를 하는 과정에서 또는 미용샵에서 잠깐 동안 미용업에 열정을 격렬하게 불태우다가 어느 순간에 그 열정이 혐오감으로 돌변할 수도 있다.

노인이 되면 활동이 줄어 들 수밖에 없으므로 육체적으로나 정신적으로 활동영역이 좁아진다. 외출이 번거롭게 느껴지고 집안에 칩거하게 된다.

TV나 소파에 앉아 있는 시간이 많아질 것이다. 그래서 노후에 자기의 일이 없으면 비침할 것이나. 이런 생활이 노년의 참모습일 수는 없다. 그러므로 삶의 방식을 연구하는 나눔의 이치를 아는 사람이 되도록 하자. 사교모임이나 문화활동, 봉사활동 어느 것이든 적극적으로 참여하라. 그것이 삶의 활력을 갖게 할 것이다.

먼 곳의 여행이 아닐 지라도 외출은 우리의 정신과 육체에 고루 좋은 효과를 가져 온다. 우선 생활의 변화를 느끼게 할 것이다. 다른 사람들과의 교류와 타인들의 삶을 보고 듣는 것을 통해 정신적인 자극을 얻게도 될 것이다. 즉 삶에 대한 긴장과 의욕을 북돋우는 것이다. 집안에 틀어 박혀서 고독하게 지내며 오래된 마음의 상처를 키우거나 육체적 고통에 골몰하며 하루를 보낼 것이 아니라 세상일에 적극적으로 참여하라. 사회에 도움 되는 일을 해야 하며 주위 사람들과 잘 어울려서 사는 사람이 인생 이모작에도 성공하는 것이며 최고의 미용인생을 만들게 될 것이다.

그럴듯한 행사나 모임에 초대받거나 집회에 주도적 역할을 하는 것만이 참여하는 것이 아니다. 옛 친구를 만나 차 한 잔을 나누며 담소하는 것과 결혼식이나 축하연, 명절이나 제사 이런 것들도 사람들과의 교류라는 것을 명심하자.

똑같은 사건 앞에서도 사람마다 느끼는 생각과 감정은 다 다를 수 있다. 즉 그 사람의 신념과 인생의 의미에 따라 같은 사건도 여러 다른 생각과 감정을 불러일으킬 수 있는 것이다.

대인관계에서도 마찬가지이다. 우리가 어떤 관점, 어떤 생각을 갖느냐에 따라 우리의 감정과 행동은 달라질 수 있다.

상처받고 싶지 않다는 생각에만 매달리면 다른 사람과 친밀감과 신뢰를 나누어 가질 수 있는 기회는 좀체로 주어지지 않는다.

때로 상처받고 괴롭기도 하지만 그것이 새로운 경험, 나아가서 새로운 삶을 위한 발돋움이 될지도 모른다고 생각하면 좀 더 마음을 열 수 있을 것이다.

미용인으로서 미용철학과 접목시켜 본다. 우리는 우리의 정신적·신체적 자원의 극히 적은 부분만을 사용하고 있는 것에 불과하다. 미용교육의 가장 큰 목표는 지식이 아니라 행동인 것이다.

성공하고 행복한 사람의 비결은 대부분 한 가지 일에 완전히 매달린다는 것이다. 한 가지 일에 집중하다 보면 예기치 않은 에너지가 솟구치는 것을 느끼게 될 것이다. 여기에서 노후 미용인들의 가장 큰 관심사는 건강으로 나타난다. 그 다음 관심사는 사람을 어떻게 사귀느냐, 어떻게 사람들이 자신을 좋아하게 만들고 어떻게 자기 생각대로 상대방을 설득할 수 있는가이다. 그리고 문화 예술 행사에 적극 참여하는 것은 더욱 멋진 일이다. 예술이다, 문화다 알아듣기는 했지만 사실 직접 접하고 누리며 살아온 미용인은 그리 많지 않을 것이다. 노후의 미용인 삶을 보내고 있는 이들에게 가장 중요한 것은 돈을 비롯한 삶의 여건이 아니라 삶을 살아가는 적극적인 생활 자세일 것이다. 자기인식을 높여 만족감과 인생의 의미를 다시 찾음으로써 자기실현도 가능케 하도록 하자. 노년기에는 새로운 통합의 원리를 나름대로 개발해 나가야만 하는 것이다. 폭 넓은 인간관계 형성과 취미나 스포츠활동과 사회봉사로 사회참여와 또는 각종 문화활동 등을 지향하여 자신을 변화시키도록 노력해야 할 것이다.

사람의 인생은 서로 비교할 수 없는 것이다. 우리 모두의 얼굴이 각기 다른 것처럼 각자가 느끼는 행복과 삶의 보람도 각각의 사람마다 다를 것이다. 그러므로 자신의 인생은 스스로 선택해야만 한다. 과연 진정한 성인의 나이는 도대체 몇 살부터일까? 링컨은 49세 무렵, 실적 없는 시골의 변호사였다고 한다. 사실 40대에 대통령이 되기는 어렵다고 생각할 수 있다. 오히려 50~60대에도 나라의 정치를 바로 세우고 싶다는 큰 결심으로 의원에 입후보하는 사람도 있다. 또한 대학을 졸업하고 취직은 했지만 도저히 만족할 수 없어서 대학에 다시 들어가 의사나 변호사가 된 사람도 적지 않다. 경험이 신념을 결정하지만 성격은 자기 스스로가 결정하는 것이다. 미용생활을 하면서 자기 경험과 배움을 통해 삶을 향상시키려는 사람들은 뚜렷한 목표와 열정으로 인생 이모작을 준비할 것이다. 그리고 이모작 준비를 새롭게 풍요롭게 꾸려 나갈 것이다. 그러기 위해서 미리미리 한 번쯤은 자신을 점검하고 세미나나 강연회에서 정보(information)를 구하도록 하자. 재정적인 면과 건강 걱정 그리고 한편으로는 두려움(할 수 없다는)이 있겠지만은 준비하는 데는 따로 있을 수 없다.

돈도 중요하지만 자기의 노후를 어떻게 끌고 나갈 것인가를 생각해 볼 일이다. 그래서 사회에 이바지 할 수 있는 사회참여가 가슴 벅찬 일 일 수 있다. 노후의 정신적인 공백은 주로 여가나 사회봉사에 포커스를 두면 즐겁고 편안할 수 있겠다.

노후의 이모작은 시작이다

노후에는 주변 사람이 중요하다. 어떤 분이 이미 말했듯이 사람이 떠난 자리를 보면 그 사람을 안다고 했다. 아름다운 사람이 머물다간 자리는 떠난 뒤에도 아름다운 법이라고 했는데 그렇다면 꾸밀 수 없는 뒷모습에서 그 사람의 진실이 읽혀진다는 것을 우리 미용인들은 너무나 잘 안다. 뒷모습은 삶의 이력서일 것이다. 현재 우리가 하고 있는 일들이 부끄럽고 추한 흔적을 남기지 않도록 하는 것이 오늘을 아름답게 사는 것이다. 일거리를 만드는 것이 좋을 것이다. 일을 계속하는 데는 남다른 끈기가 필요하며, 그것만으로도 존경받아 마땅하다 하겠다. 나이를 먹으면 먹을수록 사람은 자신의 행동을 절제할 줄 알아야 하겠다. 절도를 지키며 속박을 인내하지 않으면 이루어 낼 수 없을 것이다. 일생동안 언제나 조심하지 않으면 특별한 인연도 없을 것이 분명하다. 쓸모없는 일에 정신을 빼앗기고 흥미든 비판이든 그것 때문에 정신과 육체의 힘을 허무하게 낭비해서도 안될 것이다.

어떻게 생각하면 인생은 자신과의 투쟁이다. 늙었다는 소리만큼 서러운 게 없을 것이다. 젊어지고 싶은 욕망이 있다면 먼저 머리를 쓰라고 말하고 싶다. 이게 늙지 않는 비결일 것이다. 항상 지적인 도전을 하는 사람에겐 노화란 있을 수 없다. 얼른 들으면 납득이 잘 안 갈 것이다. 하지만 그건 틀림없는 과학적 근거가 있고 또 실제 모든 기관은 쓰지 않고 오래두면 위축되어 기능이 떨어진다고 했다. 머리를 많이 쓸수록 중추신경 세포의 신진대사가 계속 왕성해져서 노화현상이 잘 오지 않는다. 인생의 귀중한 삼박자는, 첫째가 일이고 둘째가 사랑이고 셋째가 건강이라고 심리학자 프로이드는 말했다.

일을 계속하는 네는 남나른 쓰기가 필요한 것이며, 그것만으로도 존경받아 마땅하다. 나이를 먹으면 먹을수록 사람은 자신의 행동을 절제할 줄 알아야 하겠다.

모르는 것을 모른다고 자신 있게 물어보라. 그리고 솔직하게 부탁하라. 모르는 것을 일부러 알고 있는 척하는 사람이 제일 바보인 것 같다. 미용인으로 나이 들면서 가장 중요한 일은 지금 내 곁에 있는 사람을 위해 좋은 일을 하는 것이라고 생각한다. 우리 미용인이 사는 이유라고 본다. 지금 주어진 이 시간, 지금 내 곁에 있는 사람, 지금 우리가 할 수 있는 미용의 일이 더없이 소중한 것이다.

다음에 이 다음에 자꾸 뒤로 미루다 보면 시간과 함께 사람도 떠나고, 결국 후회할 일만 남게 될 것이라고 했다.

통계청의 '2007년 사회통계조사 보고서'를 보면 "노후준비가 되어 있다" 또는 "노후준비를 하고 있다"고 대답한 사람은 72.7%였다. 남녀로 구분해보면 여자는 51.4%로 남자 78.0% 보다 훨씬 낮다. 여자는 남자보다 6~7년을 더 오래 사는 데도 노후 대비는 오히려 안되고(못하고) 있다.

우물쭈물하다가는 늦게 된다. 금전만능주의를 탓하기만 해서는 노후가 불편해질 수 있다. 시대 변화를 잘 읽는 지혜가 필요할 것이다.

건강하면서 젊어지기 위해 아름다운 자신의 윤택한 삶을 위하여 시간과 돈과 정신을 투자해 보도록 하자. 결국 사람이 사는데 최종 목표는 행복추구인 것이다. 자유든 뭐든 날마다 자기와 싸워서 이기는 자만이 그것을 누릴 수 있다. 자신에게 계약하는 꿈을 그리는 것은 매우 중요하다 그렇기 때문에 '나는 어떠어떠한 미용인이다' 라는 이미지를 갖고 자신을 소중히 여기는 사람은 자신감을 가지고 균형 있는 인간관계를 구축할 수 있을 것이다.

멋을 내면 머리모양과 옷차림은 더욱 매력적이 된다. 살면서 우리는 자기표현이 멋진 사람을 만나게 된다. 자기표현이 멋진 사람은 매력이 풍겨 왠지 모르게 끌리는 법이다. 내면을 고치라는 이야기와도 같다. 난 개인적으로 내면의 미를 아주 소중히 여기는 사람 중 한 사람이다. 내면의 미가 외모에 그대로 형성되기 때문이다. 그 사람의 생각과 정서가 그대로 반영되기 때문이다. 외모에는 자라온 모습과 습관을 나타나게 되고 더 나아가 인품과 인격까지 드러나기 마련이다.

그래서 우리는 마음까지 예쁘게 꾸며낼 줄 알아야 하겠다. 우리는 다양한 감정을 갖고 있다. 감정에 교양이 있는 사람이라면 더욱 다양한 감정을 갖고 있을 것이다. 멋진 미용인의 노후는 나이가 들수록 자기 스스로를 컨트롤하는 마음의 평화가 필요할 것이다. 마음의 여유, 융통성과 너그러움을 가지자. 고독은 치매의 동반자라고 했다. 외로움은 치매로 가는 지름길이다. 사람들과 조화를 이루며 이웃에게 사랑을 베풀 수 있다면 누구나 아름다운 황혼을 맞을 수 있다.

행복추구

마음가짐을 새로이 해야 한다

미용의 일을 하면서도 자신의 삶에 만족하지 못하는 경우가 많다. 삶에 만족하려면 일단 스스로 내면의 자세를 바꾸어야 한다. 내면의 자세는 자신만의 일이기 때문이다. 분명 도움이 될 것이다. 그렇게 되면 우리 미용인들의 삶은 다시 살만한 것이 될 것이다. 행복은 '무엇'이 아니라 '어떻게'의 문제이다. "행복은 대상이 아니라 재능이다"라고 헤르만헤세는 말했다. 미용인들의 인생 즐기는 법은 정열을 쏟으며 활기찬 인생을 사는 것이다. 미용인생을 누릴 수 있는 방법에 대해서 이렇게 말하고 싶다.

자신에게 계약하는 꿈을 그리는 것은 매우 중요하다. 우리 모두는 재미있게, 행복하게 살려고 이 세상에 왔을 것이다. 삶의 내용을 좋게 만들어 행복을 찾는 것이 무엇보다 중요하다. 다시 말해서 미용능력은 물론 다양한 방면까지도 자질과 능력을 갖추도록 하고 우수한 실력을 갖추기 위해서 자신과 싸워야 한다. 당신이 하고자 하는 일과 현재하고 있는 일에 관해, 이론적인 지식과 기능적인 지식을 완벽하게 조화시켜라! 살면서 많은 난관이 존재하지만 극복하지 못할 장애는 없다고 생각을 하고 개인의 능력을 향상시키려 노력해야 할 것이다. 지금 힘들고 어렵더라도 현실을 직시하고 문제를 해결하면서 자아를 확장해 살다 보면 남들의 시선이나 판단쯤은 너그럽게 웃어넘길 마음의 여유가 생길 것이다. 각각 어떤 가치관을 가지고 있는가? 어떻게 노력하고 가꿔 가는 가에 있다. 우선 자신의 영원한 주인은 바로 자신임을 알자. 행복을 만들 줄 아는 지혜로운 미용인만이 바로 철학이 있는 미용인이다.

행복은 결코 우연히 이루어지지 않는다

마음속으로 자신의 행복한 모습을 그려보도록 하자. 우리의 삶은 근본적으로 행복을 향해 나아가고 있는 것이다. 그 행복은 각자의 마음 안에 있다는 것이고 중요한 것은 올바르게 노력해서 얻어 내야 하는 것이 행복이라고 본다. 내면적인 면과 외적인 생활이 일치하면 행복은 자기 스스로 얻어 낼 수 있다. 즉 행복은 자기의 성장과 발전의 결과인 것이다. 건전하게 성장을 하여 그 기쁨을 함께 해야 할 것이다. 여하튼 행복은 스스로 벌어야 한다는 것이다. 그래서 건강해야 한다. 건강 없이는 행복할 수 없기 때문이다. 행복은 그냥 기다리면 와 주는 것이 아니다. 행복은 반드시 스스로 노력해야 성취된다는 것을 우리 미용인들은 기억해야 한다. 행복은 외적인 것이 아니라 내적인 것이다. 늘 새롭고 더욱 더 좋은 것을 향해서 부지런히 노력하는 과정에서 얻을 수 있는 것이다. 우리 미용인들의 삶을 그대로 보도록 하자. 순간순간을 충실하게 살도록 하면서 행복 역시 긴 인내와 희망을 필요한 것이므로 소중한 시간과 싸우면서 생동하는 기쁨으로 미용의 길을 걷도록 하자. 이는 함께 나누자는 의미이기도 하다.

미용의 길을 걷고 있다는 것에 자부심을 갖고 자신의 가족과 사랑을 나누고 스스로 자아를 실현하는 방식을 찾아내어 자아실현을 준비하고 자아실현을 이룰 수 있는 일을 하도록 하자. 자아실현이란 건전한 생각으로 자신의 미래에 대한 확신을 가지고 성취될 수 있도록 노력하는 것이다. 사람은 모두 세 가지 욕망을 가지고 산다고 했다. 첫째는 좋은 것을 많이 오래 갖고 싶어 하는 욕망이고, 둘째는 잘난 체하고 남보다 높아지려 하는 명예욕이라 했다. 그리고 세 번째는 다른 사람과 비교해 특별한 존재가 되는 것이라고 한다. 여기서 우리가 분명히 알아야 할 것은 욕망을 채우는 것과 행복은 다른 것이다. 우리 모두는 행복할 수 있는 가능성을 가지고 태어났기에 자신의 발전과 성장을 위해 사는 사람이 행복한 사람인 것이다. 미용으로 성공은 했는데 행복함을 모르는 사람을 본 적이 있다. 인생의 목적은 성공하는 것이 아니라 행복하게 사는 것이다. 미용인생에서는 노년이 여유로워야 즐거운 삶이 된다고 생각을 한다. 자녀들을 모두 성장시키고 넉넉한 여유로움 속에서 즐겁고 건강하게 노후를 보여주는 사람이어야 한다. 우리는 행복하기 위해 살아야 한다. 미용일은 미용인들의 행복을 보장하는 수단이 되어야 한다.

미용이 인생의 목적이 돼서는 안되며, 인생을 즐기고 정열을 쏟으며 활기찬 인생을 살아야 한다. 만일 지금 어떤 위기를 겪고 있다면 먼저 요즘 자신에게 일어난 환경의 변화와 생각의 변화와 감정의 변화로 행동의 변화를 자세히 적어 보도록 하라. 그러면 문제가 무엇인지 그 원인을 찾아낼 수 있을 것이다. 자신에게 계약하는 꿈을 그리는 것은 매우 중요하다. 그렇기 때문에 우리 미용인들은 누구나 '나는 어떠어떠한 미용인이다' 라는 이미지를 가져야 한다.

가족을 위해 충분히 시간을 낼 수 있는 미용의 일이니 좋아하는 것이라면 가족을 위해 소중한 시간을 나누는 것이 매우 중요하다 하겠다. 나중에 기회를 봐서 하면 된다는 착각은 안 된다. 우리 미용인 모두는 재미있고, 행복하게 살려고 이 세상에 왔을 것이다. 인생은 우리 미용인이 믿는 대로 된다는 것을 실감할 수 있을 것이다.

최고의 보물

한 부자 농부가 자신의 죽음이 가까워 온 것을 깨달았다. 그 농부는 그의 아이들을 불러 동그랗게 앉히고는 이렇게 유언을 했다.

"이 땅은 너희들의 조상 대대로 물려받은 땅이다. 내가 죽은 뒤 이 땅을 팔면 절대로 안 된다. 이 땅에서 어딘가에는 보물이 숨겨져 있으니까 말이다.

그 장소가 어디인지는 나도 모른다. 하지만 너희들이 조금만 용기를 낸다면 쉽게 찾아 낼 수 있을지도 모르지. 수확이 끝나면 곧 땅을 갈아라. 땅을 파고, 뒤져보고, 삽질도 해 보거라. 어디 한 곳도 빠짐없이 말이다."

아버지가 숨을 거둔 후 아이들은 밭으로 나가서 여기저기 파 보았다. 하지만 아무리 깊이 파 흙을 뒤집어 보아도 보물은 나오지 않았다. "이상하다. 보물이 어디 있지?"

이듬해가 되었다. 아이들이 파헤친 땅에서는 곡식들이 여느 해 보다 무성하게 자랐다. 하지만 아무리 찾아보아도 아버지의 유언에 있었던 보물은 찾을 수가 없었다. 그렇다면 아버지가 말씀하신 보물은 대체 무엇이었을까?

바로 노동이었다.

일하라. 미용의 일을 하라. 미용만이 최고의 보물이다. 미용의 일은 모두가 매력 덩어리이다. 우리 모두 미용의 일로 아름다운 삶에 대해서 흠뻑 매료되어 보자.

미용을 택한 것은 참으로 행복하다

우리 인생의

영원한 주인은

바로

나 자신이다

오늘 하루는 어떻게 진행이 될까?

우리들은 또 하루의 인생을 맞이한다.

한 마디로 미용인이든 어느 누구이든 누구나 좋은 영향과 나쁜 영향을 받으며 우리는 살고 있다. 나는 인연을 매우 소중히 여긴다.

매일 같이 반복되는 일상이지만 인연을 맺는 만남이 있기 때문에 새로움을 느낄 수 있다.

미용학원과 미용대학과 미용실에서 여러 계층의 사람들과 관계를 맺으며 산다.

그러나 그 역할 뒤에 숨어 있는 진정한 의미를 알지 못한 채 사회조직의 구성원으로서만 서로를 접하는 일도 비일비재하다.

삶 속에는 행복도 있고 불행도 있는 것 같다. 그리고 평탄대로와 비탈길, 꽃길과 안개 낀 날의 가시밭길이 함께 공존 한다고 생각한다. 지금 힘들고 어렵더라도 현실을 직시하고 문제를 해결하면서 자아를 확장해 살다 보면 남들의 시선이나 판단쯤은 너그럽게 웃어넘길 마음의 여유가 생긴다. 우선 자신의 영원한 주인은 바로 자신임을 알고 좋은 사람이 되기 위하여 진정한 자기 자신이 되어야 한다. 그것이 미용인의 인생인 것 같다.

지금까지 내가 찾은 미용의 꿈을 이 책에 담았다. 이 책이 미용인 모두가 보는 날이면 나의 꿈은 실체를 갖게 된다.

좋을 때나 힘들 때나 언제나 가슴으로 안아주면서 "앞으로 뛰어 가는 사람은 지난날에 넘어져 힘들었던 일을 돌아 볼 필요도 없다며, 뒤를 보고 뛰면 또 넘어지게 된다"면서 꿈을 현실화시키도록 용기를 주었던 사랑하는 남편 김만수씨와 언제나 나에게 마음 속 안정을 주는 큰아들 김선욱과 이 책을 내가 사랑하는 모든 이들에게 바친다.

특히 "어머니 살면서 그럴 수도 있는 것이 인생이라고 하셨죠" 누구든 부족함이 있고 실수도 있는 법이라며, 미용의 꿈을 간절히 원하고 있는 둘째 아들 김선웅에게도……

2008년 한 해의 끝자락에서
저자 전옥주

미용에도 철학이 있다

초판인쇄	2008년 12월 24일
초판발행	2008년 12월 24일
지은이	전옥주
주 관	강철호
편 집	유상숙 · 최해경
	한지훈 · 곽민정
디자이너	정지윤 · 설승헌
교정 · 교열	채종준
펴낸이	한국학술정보㈜
펴낸곳	경기도 파주시 교하읍 문발리 513-5
	파주출판문화정보산업단지
전 화	031)940-1059
팩 스	031)940-1187
홈페이지	http://www.kstudy.com e-mail: jung5997@kstudy.com
등 록	제일산
가 격	29,000원
ISBN	978-89-534-0674-2 13590
	(e-Book) 978-89-534-0675-9 18590